AF389939

CUBAGE

ET

ESTIMATION

DES BOIS

Nous nous réservons le droit de traduire ou de faire traduire cet ouvrage en toutes langues. Nous poursuivrons conformément à la loi et en vertu des traités internationaux toute contrefaçon ou traduction faite au mépris de nos droits.

Le dépôt légal de cet ouvrage a été fait en temps utile, et toutes les formalités prescrites par les traités sont remplies dans les divers Etats avec lesquels il existe des conventions littéraires.

Tout exemplaire du présent ouvrage qui ne porterait pas, comme ci-dessous, notre griffe, sera réputé contrefait, et les fabricants et les débitants de ces exemplaires seront poursuivis conformément à la loi.

ERRATA

Page 17, en note, *au lieu de :* cubage au n déduit, *lisez :* cubage au $n^{\text{ième}}$ déduit.
— 29, ligne 18, *au lieu de :* St, *lisez :* Si.
— 41, ligne 5, *au lieu de :* volume d'eau déplacé, *lisez :* volume de l'eau déplacée.
— 56, ligne 11, *au lieu de :* moins exacte mais, souvent suffisante, *lisez :* moins exacte, mais souvent suffisante.
— 71, ligne 16, *au lieu de :* à la suite, *lisez :* publié à la suite.
— 82, ligne 9, *au lieu de :* déduire les certains coefficients et adopter, *lisez :* déduire certains coefficients et les adopter.
— 123, ligne 2, *au lieu de :* parvenus, *lisez :* parvenues.
— 129, ligne 18, *au lieu de :* $m - n = 8$, *lisez :* $n - m = 8$.
— 139, ligne 24, *au lieu de :* étant à un revenu, *lisez :* étant un revenu.
— 142, ligne 4, *au lieu de :* 540, *lisez :* 540 fr.
— 156, ligne 27, *après le mot :* proportionnelles, *ajoutez les mots :* aux volumes.

Imprimerie et Librairie de E. LACROIX, 54, rue des Saints-Pères, Paris.

BIBLIOTHÈQUE DES PROFESSIONS INDUSTRIELLES ET AGRICOLES

Série C. N° 8.

GUIDE THÉORIQUE ET PRATIQUE

DE

CUBAGE ET D'ESTIMATION

DES BOIS

PAR

Alexis FROCHOT

Sous-Inspecteur des forêts, ancien élève de l'École
forestière de Nancy

A L'USAGE DES PROPRIÉTAIRES,
RÉGISSEURS, MARCHANDS DE BOIS, GARDES FORESTIERS, ETC., ETC.

160 pages avec 14 fig. dans le texte et 1 planche.

PARIS

LIBRAIRIE SCIENTIFIQUE INDUSTRIELLE ET AGRICOLE

EUGÈNE LACROIX, IMPRIMEUR-ÉDITEUR
Du Bulletin officiel de la Marine, et de plusieurs Sociétés savantes

54, RUE DES SAINTS-PÈRES, 54

Tous droits réservés.

CUBAGE ET ESTIMATION DES BOIS

INTRODUCTION

Cuber un arbre c'est déterminer le nombre d'unités cubiques correspondant au volume de cet arbre. Les corps affectant des formes géométriques sont généralement très-faciles à cuber; ceux au contraire dont les formes, tout en étant régulières à un certain point de vue, échappent à toute loi mathématique, présentent de grandes difficultés quand on cherche à en évaluer avec précision le volume; les arbres assurément sont de cette dernière catégorie. A défaut de procédés géométriques impraticables dans le cas de formes d'une irrégularité tout à fait insaisissable comme lorsqu'il s'agit, par exemple, d'évaluer le volume des brindilles composant un fagot, on a recours quelquefois à l'immersion; on immerge le fagot dans une cuve cylindrique contenant une certaine quantité d'eau; la différence du niveau avant et après l'immersion permet de calculer la quantité d'eau déplacée, de déterminer, par conséquent, le volume cherché. Mais en général, les procédés hydrostatiques sont impraticables, à cause des dimensions des bois, et en outre, parce que leur densité ne peut pas être établie d'une manière générale. Ces quelques mots font comprendre que les procédés de cubage en matière forestière ne sauraient être que l'application de méthodes plus ou moins approximatives, suivant le degré de simplicité de l'opération; aux méthodes très-rapides correspondant des évaluations grossières, aux méthodes plus compliquées des évaluations plus approchées, mais à coup sûr, très-éloignées encore de l'exactitude mathématique.

Lorsqu'un arbre est abattu, il est facile de le mesurer dans tous les sens et de recueillir sur ses dimensions autant de données qu'on en désire, pour le calcul du volume; mais lorsque l'arbre est debout, lorsqu'il est *sur pied*, suivant l'expression consacrée, tout ce qu'on en peut atteindre ne dépasse pas 2 mètres environ ; ses dimensions ne peuvent être appréciées qu'à vue d'œil ou mesurées qu'à l'aide d'instruments spéciaux. De là, dans les méthodes de cubage des bois, deux grandes divisions : 1° cubage des arbres abattus ; 2° cubage des arbres sur pied.

Les cubages sont les opérations fondamentales de toute estimation forestière.

CHAPITRE PREMIER.

Cubage des bois abattus.

Les arbres abattus se décomposent généralement en

1° Bois d'œuvre (charpente ou industrie) fourni par la tige et quelques branches principales ;

2° Bois de chauffage.. ⎧ fournis par les parties de la

3° Bois à charbon ou ⎬ tige et de la cime impropres

charbonnette. . . . . . . ⎩ à la catégorie précédente ;

4° Fagots et bourrées, composés des menus bois qui n'ont pu être compris, à cause de leurs faibles dimensions ou de leur forme, dans la charbonnette.

Le cubage proprement dit ne s'applique d'habitude qu'aux bois de charpente et d'industrie.

§ 1ᵉʳ. — *Bois d'œuvre.*

Il y a lieu de distinguer les bois ronds revêtus de leur écorce et les bois carrés ; les premiers sont désignés sous le nom de *bois en grume*, les seconds sous celui de *bois équarris*.

I. — BOIS EN GRUME.

Lorsqu'un arbre abattu est dépouillé de ses branches, il reste la tige dont la forme générale tient à la fois du

tronc de cône, du cylindre et du cône, à bases sensiblement circulaires. L'assimilation de la tige à une série de
solides de ces différents types superposés l'un sur l'autre,
sera d'autant plus exacte, que chacun des solides partiels en lesquels on décomposera par la pensée la tige
aura une hauteur moindre; de même qu'une ligne courbe
est susceptible d'être représentée d'une manière plus ou
moins approchée par un contour polygonal rectiligne,
suivant que les côtés de ce contour sont plus ou moins
petits.

Remarquons d'un autre côté que les formes conique et
cylindrique ne sont que des cas particuliers de la forme
tronconique; en effet, représentons par h la hauteur
d'un tronc de cône, par R et r les rayons de ses deux
bases, l'expression du volume sera :

$$V = \frac{1}{3} \pi h (R^2 + r^2 + R r)$$

faisons $r = R$, c'est le cas du cylindre et on aura :

$$V \, cy = \pi h R^2$$

faisons $r = o$, c'est le cas du cône et on aura :

$$V \, co = \frac{1}{3} \pi h R^2.$$

Il suit de là que le procédé qui se présente immédiatement à l'esprit pour cuber la tige d'un arbre abattu,
c'est de la décomposer en un certain nombre de troncs
de cône partiels de même hauteur.

Désignons par h les hauteurs partielles, en sorte qu'on
ait $H = n h$ et par $r, r', r''\ldots\ldots$, les rayons de la section

circulaire de la tige de h mètres en h mètres, on aura
pour volume de la tige :

$$V = \frac{1}{3}\,\pi h(r^2 + 2r'^2 + 2r''^2 + \ldots + r^2{}_n + rr' + r'r'' + \ldots)$$

le nombre des termes entre parenthèses à calculer est
égal à $2n - 1$; or, si la tige est décomposée en dix parties, ces termes seront au nombre de 19, ce qui constitue des calculs assez longs, très-admissibles sans doute
si l'on n'avait qu'une seule tige à cuber; mais d'une
longueur rebutante dès que le nombre des tiges devient
considérable, comme c'est le cas général en pratique.
Aussi a-t-on cherché à simplifier ce procédé, tout en se
tenant dans des limites d'approximation suffisantes; nous
allons examiner les diverses méthodes simplifiées et
indiquer en même temps leur degré d'approximation.

1° On substitue aux troncs de cône partiels des cylindres
de même hauteur, et dont la base est égale à la moyenne
arithmétique des bases du tronc de cône correspondant;
ou, ce qui est la même chose, à la section perpendiculaire à l'axe du tronc de cône, prise au milieu de sa
hauteur.

Par cette méthode l'expression du volume de la tige
devient, en posant $r + r' = d$, $r' + r'' = d' \ldots$

$$V = \frac{1}{4}\,\pi h\,(d^2 + d'^2 + \ldots) \qquad (a)$$

le nombre des termes entre parenthèses, dans ce cas,
n'est plus que n, au lieu de $2n - 1$, comme précédemment; les calculs sont simplifiés de près de moitié.
Vérifions maintenant de combien l'on s'éloigne de l'ap-

proximation que donne la première méthode par cette méthode simplifiée.

Pour chaque solide partiel, nous avons substitué au volume $V = \dfrac{1}{3} \pi h (R^2 + r^2 + R\,r)$ le volume :

$$V' = \pi h \left(\frac{R + r}{2} \right)^2 ;$$

faisons la différence de ces deux expressions, il vient :

$$V - V' = \frac{1}{3} \pi h \left(\frac{R - r}{2} \right)^2 ;$$

d'où, l'erreur E, en substituant le cylindre au tronc de cône, est :

$$E = 0{,}2618\, h\, (R - r)^2 \tag{b}$$

On appelle *décroissance* d'un arbre la quantité dont la grosseur de sa tige diminue de la base au sommet.

Si la décroissance se produisait uniformément, la grosseur de la tige aux différentes hauteurs varierait en raison inverse de ces hauteurs ; la tige serait, dans ce cas, exactement assimilable à un tronc de cône : si en général la décroissance n'est pas uniforme sur toute la longueur de la tige, on admet du moins qu'elle l'est pour des longueurs partielles.

En admettant une décroissance uniforme, il est facile, connaissant d'ailleurs la grosseur de la tige à la base, sa hauteur et son *coefficient de décroissance*, de calculer sa grosseur au petit bout.

En effet, soient R et r les rayons des bases extrêmes d'un tronc de cône de hauteur égale à H et R' le rayon d'une section faite à une hauteur égale à h; les deux triangles A B D, C B E (fig. 1) étant semblables, on a :

$$\mathrm{H} : h : : \mathrm{R} - r : \mathrm{R} - \mathrm{R}'$$

'd'où :

$$r = \mathrm{R} - \mathrm{H} \times \frac{\mathrm{R} - \mathrm{R}'}{h}$$

Si l'on fait $h = 1$, la quantité $\mathrm{R} - \mathrm{R}' = \delta$ sera le *coefficient de décroissance*; on aura donc :

$$r = \mathrm{R} - \mathrm{H} \, \delta \qquad (c)$$

Généralement le coefficient de décroissance se déduit d'après la décroissance du tour de la tige ou de son diamètre; les rayons simplifient les calculs, c'est pourquoi nous les avons introduits dans les formules précédentes ; rien n'est plus simple d'ailleurs que de substituer dans ces formules aux rayons les circonférences ou les diamètres correspondants.

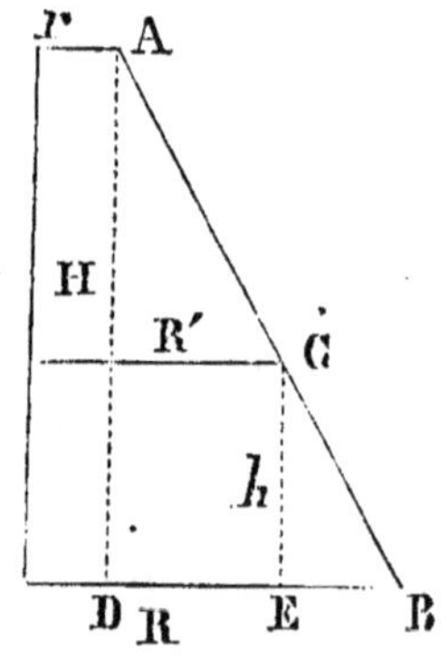

Fig. 1.

D'après ce qui précède, on voit que le coefficient de décroissance de la circonférence, du diamètre ou du rayon de la tige d'un arbre s'obtient, en calculant la décroissance de cette tige pour un mètre de hauteur.

Dans l'expression (b) de l'erreur, remplaçons r par la valeur tirée de (c); comme on a évidemment $(\mathrm{R} - r)^2 = \mathrm{H}^2 \, \delta^2$, il vient :

$$\mathrm{E} = 0{,}2618 \, \mathrm{H} \times \mathrm{H}^2 \, \delta^2 \qquad (d)$$

par conséquent, pour un même coefficient de décrois-sance, l'erreur est proportionnelle au carré de la hauteur de la tige.

Posons $m\,h = $ H. Si l'on décompose la tige en m troncés de longueur chacune égale à h, on aura évidemment pour erreur totale :

$$E = m \times 0,2618\,h \times h^2\,\delta^2$$

d'où :

$$E = 0,2618\,H\,h^2\,\delta^2$$

Comme on peut faire h aussi petit que l'on veut, il s'en suit que par la formule (a) on peut arriver à un résultat d'autant plus exact que l'on prendra h plus petit.

En général on prend h égal à un ou à deux mètres, suivant que δ est plus fort ou plus faible.

2° On simplifie encore la méthode précédente en ne décomposant pas la tige et en l'assimilant à un tronc de cône unique, dont on calcule le volume par l'un des procédés indiqués précédemment, soit par la formule du tronc de·cône, soit plus simplement en considérant le volume de la tige comme équivalent à celui d'un cylindre de même longueur et ayant pour base la section circulaire prise au milieu de la tige, ou bien la moyenne des sections circulaires extrêmes de la tige à cuber. Cette seconde méthode simplifiée est celle généralement admise dans la pratique du commerce. Elle est très-défectueuse surtout lorsque le coefficient de décroissance est fort.

Il est fort rare que la décroissance de la tige soit uni-forme ; en général, le tronc des arbres de grande dimension se rapproche assez d'un tronc de cône qui serait légèrement renflé vers le milieu de sa hauteur ; il suit de là qu'en prenant pour l'un des éléments du cubage la grosseur au milieu de la longueur du tronc, on obtient généralement un cube supérieur à celui qu'on obtiendrait en calculant le volume à l'aide de la moyenne arithmétique des grosseurs aux deux extrémités du tronc. Toutefois, il n'arrive qu'assez rarement que l'endroit où le renflement du tronc est le plus fort soit exactement au point milieu de la hauteur de la tige ; ce point, au contraire, se trouve le plus souvent soit en deçà soit au-delà de ce milieu.

On appelle *découpe*, l'opération qui a pour but de diviser la tige entière d'un arbre en deux ou plusieurs pièces, de manière à en rendre le cubage aussi avantageux que possible, sans toutefois compromettre les dimensions des pièces de bois recherchées par le commerce. La découpe influe surtout sur le cubage, quand on compte les équarrissages de 3 en 3 centimètres, en négligeant au profit de l'acheteur toute fraction de 3 centimètres, suivant l'usage du commerce de Paris. Il suffit, en effet, quelquefois, de gagner quelques millimètres de plus sur la grosseur de la tige pour éviter de subir un cubage faisant perdre environ 3 centimètres sur l'équarrissage. Un exemple fera mieux saisir encore l'effet d'une découpe plus ou moins habile.

La figure 2 représente le profil d'une tige de chêne de 26 mètres de hauteur, dont on a mesuré les diamètres de 2 en 2 mètres. Les distances mesurées sur la tige ont été rapportées sur l'axe XY à l'échelle de 1 à 400 ; les ordonnées, représentant les diamètres aux différentes hauteurs, ont été mesurées à l'échelle de 1 à 200.

En calculant le volume de cette tige par la formule (*a*),

Y
B
A
$h = 8^m$.
Circ. au mil. $= 0^m,78$.
Charpente 2e $q^é$.
$h = 6^m$.
Circ. au mil. $= 1^m,41$.
Charpente 2e $q^é$.
$h = 12^m$.
Circ. au mil. $= 1^m,65$.
Charpente 1re $q^é$.

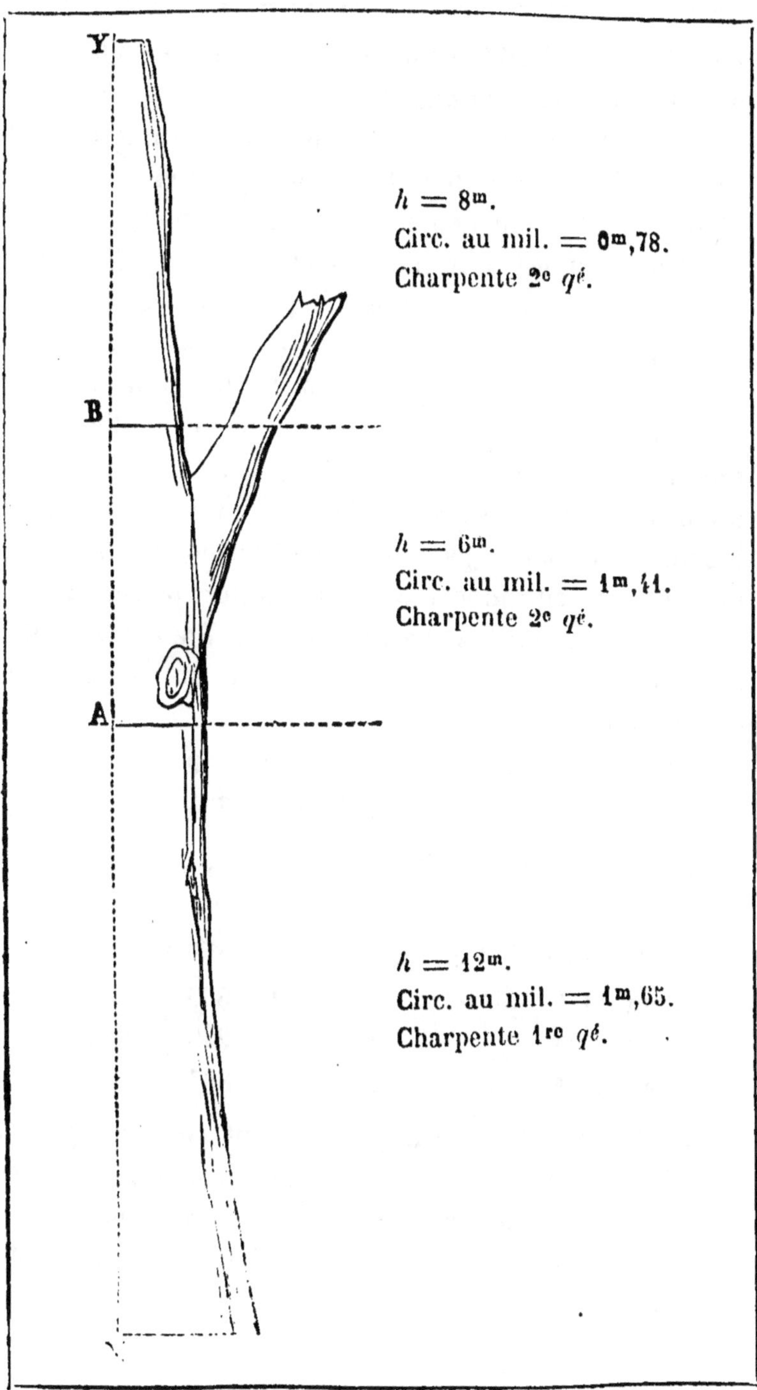

Fig. 2.

on a obtenu 3^{mc},911, volume qui représente ce qu'on est convenu d'appeler le *cube réel.*

En appliquant la méthode du cylindre unique, cette tige ayant en son milieu 1^{m},44 de circonférence, donne pour 26 mètres de hauteur 4^{mc},290, volume qui représente ce qu'on est convenu d'appeler le *cube cylindrique.*

On voit que dans ce cas le cubage cylindrique est plus avantageux que le cubage au volume réel. Mais si l'on remarque, comme on peut s'en rendre compte sur la figure ci-contre, que la partie A X, par exemple, a une qualité supérieure à la partie A Y, eu égard à ses fortes dimensions, à sa forme régulière, et enfin à l'absence de nœuds, etc., et que par conséquent on pourra lui appliquer un prix en rapport avec ces qualités, on sera amené à faire une première découpe en A. En appliquant à chacune des pièces A X, A Y la méthode du cubage cylindrique, on aurait :

Pour la 1re pièce. . . . . . . 2^{mc},599 ⎱
Pour la 2e » . . . . . 0 ,731 ⎰ 3^{mc},330

Ce résultat par trop défavorable, quant au volume, doit être modifié par une seconde découpe entre A et Y, en B, par exemple ; par cette nouvelle combinaison, on aurait :

Pour la 1re pièce. . . . . . 2^{mc},599 ⎱
Pour la 2e » . . . . . . 0 ,949 ⎰ 3^{mc},935
Pour la 3e » . . . . . . 0 ,387 ⎰

Les détails de ce dernier calcul font voir que le cube cylindrique de la pièce A B est plus avantageux d'une manière absolue que celui de la pièce A Y. C'est surtout à des anomalies de cette nature que les découpes doivent obvier.

Le cubage cylindrique est une simplification du cubage au volume réel; néanmoins il nécessite encore des calculs assez compliqués, puisqu'il faut, si l'on emploie les circonférences, ce qui est un usage admis, élever au carré la circonférence, diviser ce carré par 4π ou $4\times 3,1416$ et enfin multiplier le quotient par la longueur; le volume cherché a, en effet, pour expression géométrique :

$$V = \frac{1}{4\,\pi}\ C^2 H,$$

3° On simplifierait grandement les calculs en substituant au cercle un carré équivalent, dont le côté serait une fraction connue de la circonférence. Cherchons quelle peut être cette fraction; pour cela désignons par x l'inconnue, on a évidemment :

$$\frac{1}{4\,\pi}\ C^2 H = \left(\frac{C}{x}\right)^2 H,$$

d'où :

$$\frac{1}{x} = \frac{1}{3,5449}, x = 3,5449.$$

Le côté de carré cherché est donc compris entre le *tiers* et le *quart* de la circonférence. Le tiers de la circonférence comme côté de carré donnerait un volume trop fort; au contraire, le quart de la circonférence donne un volume trop faible; c'est néanmoins cette dernière fraction qu'on a adoptée pour simplifier le cubage cylindrique; en voici les raisons : pour obtenir le volume cylindrique on mesure la tige revêtue de son écorce, cette partie de la tige n'a aucune valeur, un cubage qui n'en tiendrait pas compte ne saurait présenter un grand inconvénient; outre l'écorce proprement dite, une partie du bois tombe comme déchet pour des raisons diverses assez nombreuses, en sorte qu'en définitive on a admis en général que l'erreur en moins commise par le cubage au quart de la circonférence, sans déduction, est négligeable, et que ce cubage donne sensiblement le volume de la matière réellement utilisable.

Appliquons le cubage au quart sans déduction au chêne précédemment cubé, on aura, en n'admettant que des multiples de 3 centimètres comme côtés d'équarrissage, suivant l'usage du commerce de Paris :

1re pièce.
$\begin{cases} \text{Circonférence, } 1^m,65. \\ \text{Le quart,} \qquad 0\ ,41. \\ \qquad V = 0,39 \times 0,39 \times 12 = \quad 1^{mc},825 \end{cases}$

2e —
$\begin{cases} \text{Circonférence } 1^m,41. \\ \text{Le quart,} \qquad 0\ ,35. \\ \qquad V = 0,33 \times 0,33 \times 6 = \quad 0\ ,653 \end{cases}$

3e —
$\begin{cases} \text{Circonférence, } 0^m,78. \\ \text{Le quart,} \qquad 0\ 19. \\ \qquad V = 0,18 \times 0,18 \times 8 = \quad 0\ ,259 \end{cases}$

Total du volume au quart sans déduction $=$ 2 ,737

Le volume théorique par le cubage cylindrique, en appelant C la circonférence au milieu est :

$$V\,cyl = \frac{1}{4\,\pi} \, C^2 H$$

Le volume théorique au quart sans déduction sera :

$$V_{\frac{1}{4}} = \frac{1}{16} \, C^2 H$$

prenons le rapport entre ces deux valeurs, on aura :

$$\frac{V_{\frac{1}{4}}}{V\,cyl} = \frac{4\,\pi}{16} = \frac{\pi}{4} = 0,7854$$

Le nombre 0,7854 est le coefficient qui permet de passer du volume cylindrique au volume au quart sans déduction. Ainsi, si l'on avait trouvé pour volume cylindrique de la tige $3^{mc},842^d$, son volume théorique au quart sans déduction, serait :

$$3,842 \times 0,7854 = 3^{mc},017.$$

Réciproquement, pour passer du volume au quart sans déduction au volume cylindrique, on diviserait le premier volume par le facteur 0,7854 et le quotient serait égal au volume cylindrique.

Certains arbres, tels que le chêne, renferment de l'aubier, c'est-à-dire une zone de bois de formation récente encore imparfaite; cette partie du bois est dépourvue complétement des qualités de résistance, de solidité et de durée qui font rechercher le bois de chêne pour les grandes constructions civiles et militaires et différents ouvrages de l'industrie. Dans certaines industries, et surtout dans les devis d'ingénieurs ou d'architectes, les volumes des bois employés sont déterminés d'après les dimensions qu'ils doivent avoir en place, ils sont sans aubier; leur volume est donc calculé dans ces conditions pour l'évaluation des prix, en sorte qu'une bille de chêne en grume, c'est-à-dire encore revêtue de son écorce ou non équarrie, a un volume tout différent de celui qu'auront les pièces de bois sans aubier qu'on en tire..a; pour tenir compte de ces différences, on a recours à un mode de cubage particulier, que l'usage a consacré et dont l'exactitude a été constatée à la suite d'une longue expérience. Ce mode de cubage est connu sous le nombre de cubage au *cinquième déduit* ou au *sixième déduit* selon les essences. Voici la manière de procéder :

On prend le tour au milieu de la pièce en grume, on en déduit le 5e ou le 6e; on prend ensuite le quart du reste comme côté d'équarrissage, on élève ce quart au carré et on multiplie par la longueur (1).

Appliquons cette méthode au chêne déjà proposé comme exemple, on a :

$$
\begin{aligned}
\text{Circonf.} &\ldots\ldots\ldots\ldots\ldots\ldots\ldots & 1^{m},65 \\
\text{Le 5}^{e} &\ldots\ldots\ldots\ldots\ldots\ldots\ldots & 0\ ,33 \\
\hline
\text{Reste.} &\ldots\ldots\ldots\ldots\ldots\ldots & 1^{m},32 \\
\text{Dont le quart} = &\ldots\ldots\ldots\ldots & 0\ ,33
\end{aligned}
$$

d'où :

$$ V_{\frac{1}{5}} = 0,33 \times 0,33 \times 12 = \quad 1^{mc},307 $$

de même, circ. $1^{m},41$ donne :

$$ V_{\frac{1}{5}} = 0,27 \times 0,27 \times 6 = \quad 0\ ,437 $$

---

(1) Plus généralement, appelons C la circonférence moyenne $\frac{1}{n}$ la déduction à faire subir à cette circonférence, la formule du cubage au n déduit sera :

$$ V_n = \frac{1}{16}\, C^2 \left(\frac{n-1}{n}\right)^2 \times H. $$

de même, circ. $0^m,78$ donne :

$$V_{\frac{1}{5}} = 0,15 \times 0,15 \times 8 \qquad 0 \ ,180$$

Total du volume au 5ᵉ déduit. $1^{mc},924$

Il est bon de remarquer que le cinquième de la circonférence représente exactement le côté de l'équarrissage ; la règle précédente, en ce qui concerne le cubage au *cinquième déduit*, peut donc se simplifier ainsi qu'il suit : prendre le cinquième de la circonférence au milieu, élever le quotient obtenu au carré et multiplier par la longueur.

Par le cubage au *sixième déduit*, on aurait :

Circ. = ... $1^m,65$
Le 6ᵉ = ... $0 \ ,27$

Reste. . . . . $1^m,38$
Dont le quart = ... $0 \ ,345$

d'où :

$$0,33 \times 0,33 \times 12 = 1,307. \ .$$

de même pour circ. $= 1^m,41,$ on aurait :

$$0,27 \times 0,27 \times 6 = 0,437 . \ . \qquad 1^{mc},924.$$

de même pour circ. $= 0^m,78,$ on aurait :

$$0,15 \times 0,15 \times 8 = 0,180 . \ .$$

Dans ce cas particulier, le cubage au *sixième déduit* donne les mêmes résultats que celui au cinquième, parce que, en négligeant les fractions de 3 centimètres sur les côtés de l'équarrissage, on perd plus au *sixième* qu'au *cinquième*. Il est d'ailleurs facile d'établir les rapports exacts des volumes obtenus par les différents modes de cubage que nous avons exposés.

Nous avons déjà trouvé :

$$\frac{V_4}{V\,cy} = 0,7854$$

on aurait de même :

$$\frac{V_5}{V\,cy} = \frac{h\,C^2\,\dfrac{1}{16}\left(1-\dfrac{1}{5}\right)^2}{\dfrac{1}{4\,\pi}\,h\,C^2} = \frac{\pi}{4}\left(1-\frac{1}{5}\right)^2 = 0,502655$$

$$\frac{V_6}{V\,cyl} = \frac{h\,C^2\,\dfrac{1}{16}\left(1-\dfrac{1}{6}\right)^2}{\dfrac{1}{4\,\pi}\,h\,C^2} = \frac{\pi}{4}\left(1-\frac{1}{6}\right)^2 = 0,54541$$

$$\frac{V\,cyl}{V_4} = \frac{\dfrac{1}{4\,\pi}\,h\,C^2}{\dfrac{1}{16}\,h\,C^2} = \frac{4}{\pi} = 1,27323$$

$$\frac{V\,cyl}{V_5} = \frac{\dfrac{1}{4\,\pi}\,h\,C^2}{\dfrac{1}{16}\,h\,C^2\left(1-\dfrac{1}{5}\right)^2} = \frac{4}{\pi\left(1-\dfrac{1}{5}\right)^2} = 1,98946$$

$$\frac{V\,cyl}{V_6} = \frac{\dfrac{1}{4\,\pi}\,h\,C^2}{\dfrac{1}{16}\,h\,C^2\left(1-\dfrac{1}{6}\right)^2} = \frac{4}{\pi\left(1-\dfrac{1}{6}\right)^2} = 1,83351$$

$$\frac{V_5}{V_4} = \frac{\dfrac{1}{16}\,h\,C^2\left(1-\dfrac{1}{5}\right)^2}{\dfrac{1}{16}\,h\,C^2} = \left(1-\frac{1}{5}\right)^2 = 0,64000$$

$$\frac{V_6}{V_4} = \frac{\dfrac{1}{16}\, h\, C^2 \left(1 - \dfrac{1}{6}\right)^2}{\dfrac{1}{16}\, h\, C^2} = \left(1 - \frac{1}{6}\right)^2 = 0,69444$$

$$\frac{V_4}{V_5} = \frac{1}{0,6400} = 1,5625$$

$$\frac{V_4}{V_6} = \frac{1}{0,69444} = 1,44001$$

$$\frac{V_5}{V_6} = \frac{\left(1 - \dfrac{1}{5}\right)^2}{\left(1 - \dfrac{1}{5}\right)^2} = \frac{0,64000}{0,69444} = 0,921605$$

$$\frac{V_6}{V_5} = \frac{0,69444}{0,64000} = 1,08506.$$

On peut, à l'aide des coefficients que nous venons de calculer, passer par une simple multiplication, de l'un des quatre systèmes de cubage à l'un quelconque des trois autres; on peut également, connaissant par exemple le prix du mètre cube calculé au quart sans déduction, déduire le prix du mètre cube calculé par l'un quelconque des trois autres procédés.

Les résultats précédents sont résumés dans le tableau suivant, page 21.

L'usage de ce tableau est aussi facile qu'utile. Si, par exemple, on avait le volume au quart sans déduction, que le prix courant du mètre cube au $1/5^e$ déduit fût de 60 francs et qu'on voulût connaître la valeur des arbres comme s'ils avaient été cubés au $1/6^e$, il suffirait :

1° De multiplier le prix connu par 0,9216, ce qui donne :

$$0,9216 \times 60 = 55^f,30.$$

MODES DE CUBAGE employés	COEFFICIENTS SERVANT à obtenir le volume correspondant au cubage				COEFFICIENTS SERVANT à obtenir le prix du mètre cube correspondant au cubage			
	cylindrique	au $1/4$ sans déduction	au $1/5$ déduit.	au $1/6$ déduit	cylindrique	au $1/4$ sans déduction	au $1/5$ déduit.	au $1/6$ déduit.
Cylindrique......	1,00000	0,7854	0,502655	0,545412	1,000	1,2732	1,9895	1,8335
Au $1/4$ sanr déduction..........	1,27323	1,0000	0,64000	0,69444	0,7854	1,0000	1,5625	1,44
Au $1/5$ déduit....	1,98946	1,5625	1,00000	1,08506	0,5026	0,6400	1,0000	0,9216
Au $1/6$ déduit....	1,83351	1,4400	0,921605	1,00000	0,5454	0,6944	1,0851	1,0000

2° De multiplier 55,30 par 0,6944, ce qui donne 38,40.

Le volume, résultat du cubage au quart multiplié par 38,40, donnera le même prix que si le volume avait été cubé au $\frac{1}{6}$ et qu'on lui eut appliqué le prix de 55,30. En effet, pour passer du volume V_4 au quart sans déduction au volume V_6 au $\frac{1}{6}^e$ déduit, il faut multiplier V_4 par 0,6944.

Bois méplats.

Les procédés pratiques de cubage consistent, ainsi que nous l'avons établi, à mesurer le tour de la tige en son milieu pour en déduire une surface de section qui, multipliée par la longueur, donne le volume. Cette surface de section, qui n'est que l'équivalent plus ou moins approché de la section réelle, est un cercle pour le cubage cylindrique et un carré pour les cubages au quart sans déduction, au cinquième ou au sixième déduit. Dans tous ces procédés, on arrive à la détermination du volume par la mesure du tour de l'arbre qu'on assimile à une circonférence. Aucun arbre cependant n'est circulaire d'une manière absolue, et si l'on voulait assimiler le contour de la section perpendiculaire à l'axe de la tige, à une figure géométrique se rapprochant davantage de la réalité, c'est à l'ellipse qu'il faudrait songer. Dans la plupart des cas, l'excentricité de l'ellipse est assez faible pour qu'on puisse sans inconvénient lui substituer le cercle ayant pour circonférence le contour de l'ellipse. Cependant, dans de certaines conditions de végétation, par suite d'une inégale répartition de la lumière sur l'arbre ou par toute autre cause, il arrive quelquefois que la tige est sensiblement moins épaisse dans un sens que dans l'autre; son diamètre, mesuré dans des sens différents, présente des différences assez importantes. Dans ce cas, on dit que l'arbre est *méplat*, et en assimilant le contour de l'arbre à une circonférence de cercle, on commet une erreur *en plus* qui peut n'être pas négligeable.

Il est utile alors de modifier les procédés de mesurage ordinaires; au lieu de prendre la circonférence de l'arbre, il faut mesurer, à l'aide d'un *compas forestier* dont nous donnerons plus loin la description, la plus grande et la plus petite épaisseur, et adopter comme diamètre la moyenne de ces deux épaisseurs; on calculera ensuite le volume en déduisant de ce diamètre moyen la circonférence et l'on fera enfin subir au volume une réduction si cela est nécessaire, ainsi que nous allons l'expliquer.

Soient $2r$ et $2r'$ les deux épaisseurs mesurées que nous considérerons comme représentant le grand axe et le petit axe d'une ellipse; la surface approchée de la section de la tige sera celle de l'ellipse, ou $\pi\,r\,r'$; en lui substituant la surface d'un cercle dont le diamètre est $r+r'$, on commet une erreur exprimée par :

$$ E = \frac{\pi}{4}\left(r+r'\right)^2 - \pi\,r\,r' $$

d'où :

$$ E = \frac{\pi}{4}\left(r - r'\right)^2. $$

L'erreur est donc égale au cercle ayant pour diamètre la demi-différence des épaisseurs mesurées sur la tige,

multipliée par la longueur de cette dernière, puisqu'on a :

$$V = \frac{\pi}{4} h (r + r')^2 - \frac{\pi}{4} h (r - r')^2 = \pi h r r'.$$

Appliquons ces formules à un exemple.

Soit une tronce de bois de chêne de 12 mètres de longueur ; la grosseur maxima au milieu a été trouvée égale
à 0^m,60, et la grosseur minima égale à 0^m,50 ; nous
aurons :

$$h = 12, \; r = 0,30, \; r' = 0,25.$$

Le volume cylindrique pour un diamètre moyen de
$0,30 + 0,25 = 0,55$, sera :

$$\frac{\pi}{4} h \times 0,55^2 = 2^{mc},851 \text{ à 30 fr. l'un, ci.} \quad 85^f,55$$

L'erreur *en plus* est de :

$$\frac{\pi}{4} h \times 0,05^2 = 0^{mc},024 \text{ à 30 fr., ci. . . .} \quad 0,72$$

c'est-dire de moins de 1 pour 100, elle est négligeable ;
mais si l'on avait $r = 0,35$, $r' = 0,25$,

$$\frac{\pi}{4} h \times 0,6^2 = 3^{mc},392 \text{ à 30 fr., ci. . . .} \quad 101^f,77 \;,$$

$$E = \frac{\pi}{4} h \times 0,1^2 = 0^{mc},095 \text{ à 30 fr., ci.} \quad 2^f,85$$

dans ce cas l'erreur est d'environ 3 %, elle n'est plus
négligeable.

Il paraîtrait plus rationnel d'employer la formule de
l'ellipse $\pi r r'$, puisqu'on aurait directement le résultat
cherché ; cependant, comme il existe des tables donnant

les volumes des cylindres circulaires et qu'il n'en existe pas pour les cylindres elliptiques, il est préférable d'adopter la marche que nous avons suivie.

Si l'on avait procédé, dans ce dernier exemple, selon la pratique ordinaire, en prenant le tour de l'arbre comme circonférence de cercle, on trouverait pour circonférence $1^m,898$; le volume cherché serait donc :

$$\frac{1}{4\,\pi}\,h \times 1,898^2 = 3^{mc},444 \text{ à } 30 \text{ fr., ci.} \quad 103^f,32$$

Le cylindre elliptique donnerait :

$$\pi \times 0,35 \times 0,25 \times h = 3^{mc},297 \text{ à } 30 \text{ fr., ci.} \quad 98 \quad 91$$

$$\text{La différence} \ldots \ldots \quad 4 \ 41$$

représenterait une perte au préjudice de l'acheteur de $4,26\ \%$.

La pratique qui consiste à adopter, dans les transactions commerciales, le tour des pièces de bois en grume avec ou sans écorce, comme élément de cubage, introduit donc une condition défavorable à l'acheteur, dans le cas des arbres méplats; par cette méthode, le cubage des arbres même à peu près circulaires est toujours susceptible d'erreurs *en plus*, souvent négligeables, mais quelquefois assez sensibles. Si l'on joint à cette cause l'existence par exemple de défauts plus ou moins graves et apparents, qui ont pour résultat de déprécier quelquefois à l'insu de l'acheteur, quelqu'expérimenté qu'il soit, certaines pièces de bois, on comprendra que l'usage consacré à Paris de ne mesurer les équarrissages que de 3 en 3 centimètres et les longueurs que de 25 en 25 centimètres soit justifié, c'est une compensation au profit de l'acheteur des erreurs plus ou moins apparentes, mais réelles au profit du vendeur qui résultent des procédés de cubage adoptés.

II. — BOIS ÉQUARRIS.

Les bois de charpente, surtout ceux de chêne, sont employés à de grandes distances de leur lieu de production ; aussi pour diminuer autant que possible les frais de transport, façonne-t-on les tiges sur le parterre de la coupe, de manière à ne faire livraison que du bois de charpente ou d'industrie réellement utilisable, en les dépouillant plus ou moins suivant les circonstances de leur écorce et de leur aubier. On équarrit donc généralement en forêt les pièces destinées à la charpente.

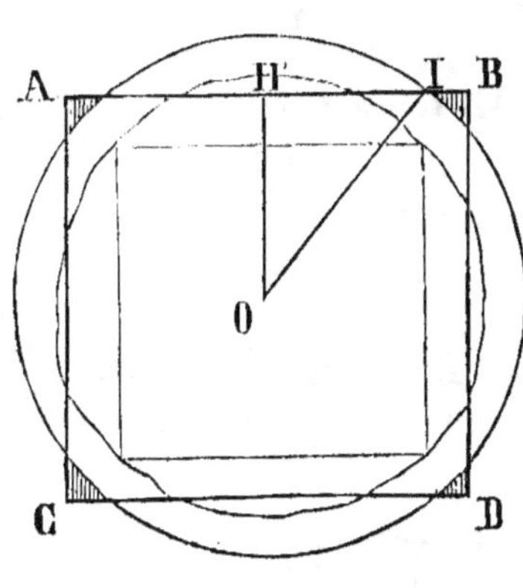

Fig. 3.

Équarrir une pièce de bois, c'est la transformer à l'aide de la hache et de la scie en un parallélipipède rectangle ou en un tronc de pyramide rectangulaire droit.

Une pièce de charpente est dite *équarrie à vive arête* lorsque les quatre faces latérales sont à angle droit et terminées par quatre arêtes solides dépourvues d'aubier et sensiblement droites.

Une pièce équarrie présente des *flaches* lorsque les faces adjacentes ne se terminent pas par une arête commune ; ainsi, une pièce équarrie au quart sans déduction présente nécessairement sur chaque angle des flaches dont on peut facilement établir l'importance par le calcul.

En effet, soit (fig. 3, p. 26) une circonférence de cercle représentant la section d'un tronc, dont le diamètre soit égal à l'unité et supposons le tronc équarri suivant les traits A B, C D, A C, B D ; en prenant $A B = \dfrac{1}{4}\,\pi$, ce sera l'équarrissage au quart sans déduction ; les flaches aux quatre angles se mesurent sur B I, que l'on obtient au moyen d'une équerre. Traçons l'apothème O H et joignons O I, et de plus, posons :

$$IB = n \times AB$$

comme :

$$AB = \frac{\pi}{4} \quad \text{on a} \quad IB = n\,\frac{\pi}{4}.$$

Or, dans le triangle rectangle O H I, on a :

$$\overline{OH}^2 + \overline{HI}^2 = \overline{OI}^2\,;$$

remarquons que :

$$OH = \frac{\pi}{8},\ HI = HB - IB = \frac{\pi}{8} - n\,\frac{\pi}{4},\ OI = \frac{1}{2}$$

donc :

$$\frac{\pi^2}{64} + \left(\frac{\pi}{8} - n\,\frac{\pi}{4}\right)^2 = \frac{1}{4}$$

d'où, en réduisant, on arrive à l'équation du 2e degré :

$$n = \frac{1}{2} - \sqrt{\frac{1}{4} - \frac{1}{2} + \frac{4}{\pi^2}},\ n = 0,107$$

mais :

$$AB = \frac{\pi}{4} = 0,785$$

donc :

$$BI = 0,785 \times 0,107 = 0,084.$$

Pour équarrir à vive arête une pièce de chêne on ne doit admettre aux angles aucune partie d'aubier; le côté d'équarrissage sera par conséquent égal au côté du carré inscrit dans le cercle limité extérieurement par la zone d'aubier. Soit d le diamètre mesuré sur *franc bois*, le côté d'équarrissage à vive arête sera :

$$c = \frac{d}{\sqrt{2}} = \frac{d}{1,4142} \quad \text{ou} \quad c = 0,707\, d.$$

En appelant D le diamètre total, $\dfrac{D - d}{2}$ représentera l'épaisseur de l'écorce et de l'aubier.

Cherchons quelle serait la valeur d' dans le cas d'un équarrissage au 5e déduit, et posons $D = 1$, on aura évidemment pour côté d'équarrissage :

$$c = \frac{\pi}{5} \quad \text{d'où} \quad d' = \frac{\pi}{5} \sqrt{2} = 0,889$$

donc :

$$\frac{D - d'}{2} = \frac{1 - 0,889}{2} = 0,0555.$$

On conclut de là que le cubage au 5e déduit donnera un volume plus fort ou plus faible que celui de la pièce équarrie à vive arête, selon que la double épaisseur de l'écorce et de l'aubier sera inférieure ou supérieure à 0,111 D.

On a pu remarquer que le cubage au 5e déduit réduit le volume de la pièce en grume de moitié environ. On a, en effet :

$$\frac{\pi}{4} - \frac{\pi^2}{25} = 0,7854 - 0,39.$$

Or, comme en général la proportion d'écorce et d'aubier est supérieure à 0,0555 de D ; il s'en suit que, pour arriver au cubage à vive arête, il faudrait réduire la pièce en grume à plus de la moitié de son volume ; de là nécessairement de très-hauts prix pour les bois dans ces conditions ; aussi, généralement se contente-t-on d'un équarrissage *avec tolérance* ; c'est-à-dire comportant aux angles une certaine quantité d'aubier, de flache, etc.

Représentons par 1 le diamètre sur *franc bois*, par c le côté de l'équarrissage, avec une tolérance égale à $n\,c$, on aura en suivant l'ordre de démonstration adopté pour la figure 3.

$$\frac{c^2}{4} + \left(\frac{c}{2} - n\,c\right)^2 = \frac{1}{4}$$

d'où en réduisant :

$$c = \sqrt{\frac{1}{2 + 4\,n^2 - 4\,n.}}$$

Certains bois ne peuvent être reçus dans les chantiers de la marine qu'équarris à vive arête, d'autres le sont avec une tolérance de 15 % du côté d'équarrissage. St dans la formule précédente on remplace n par 0,15 on aura :

$$c = 0,819.$$

D'où on tire cette règle : pour obtenir l'équarrissage d'une pièce de bois en grume, on prend son épaisseur au milieu de la longueur avec un compas courbe après avoir enlevé l'écorce de manière à avoir le diamètre sur aubier, on fait ensuite une entaille dans l'aubier jusqu'au *bon lois*, on mesure l'épaisseur de l'aubier, on double l'épaisseur ainsi constatée pour la retrancher du diamètre sur aubier ; le reste représente le diamètre sur franc-bois $= d$, qu'on multiplie par 0,819 pour avoir l'équarrissage avec tolérance de 15 %.

$$\text{pour } n = 0,10 \text{ ou } 10\,^0/_0 \text{ on aurait } c = d \times 0,781$$
$$\text{pour } n = 0,20 \text{ ou } 20\,^0/_0 \quad - \quad c = d \times 0,858$$

Lorsqu'une pièce de bois est équarrie, on obtient son volume en multipliant le produit de son épaisseur et de sa largeur au milieu par sa longueur. L'épaisseur et la

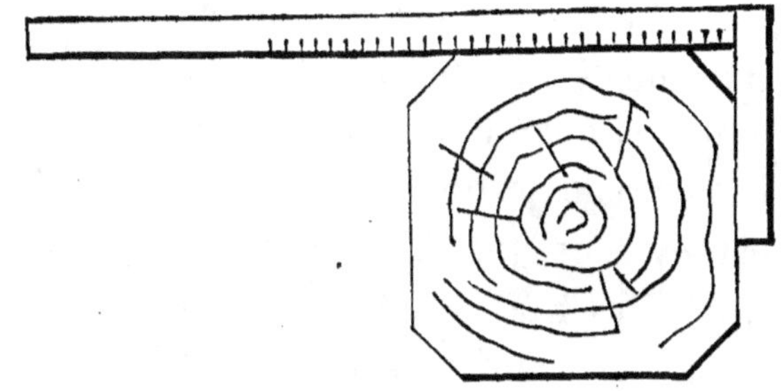

Fig. 4.

largeur de la pièce ou mieux son *équarrissage* se mesure au moyen d'une équerre (fig. 4), composée de deux branches inégales, la plus longue portant des divisions de 3 en 3 centimètres, selon l'usage de Paris, ou de 2 en 2 centimètres selon l'usage de Rouen et autres lieux. Quant aux longueurs, elles se prennent parallèlement à l'axe de la pièce et de 25 en 25 centimètres à Paris et de 20 en 20 centimètres à Rouen. Ainsi, l'équarrissage d'une pièce mesurant 0^m,35 sur l'une de ses faces et 0^m,32 sur l'autre, serait de 0^m,33 à 0^m,30 selon l'usage de Paris, et de 0^m,34 à 0^m,32 selon l'usage de Rouen ; si cette pièce avait 6 mètres de longueur, elle cuberait dans le premier cas 0^{mc},594 et dans le second 0^{mc},653.

L'équarrissage d'une pièce de bois s'exprime souvent par la disposition suivante :

$$\frac{33}{30} \quad \text{ou} \quad 33 \times 30.$$

Pour mesurer à l'aide de l'équerre, décrite plus haut, les côtés d'équarrissage, il faut pouvoir déplacer la pièce, la faire tourner au moins sur une face, lui *donner un quartier*, suivant l'expression consacrée.

Dans beaucoup de localités, on n'emploie pas l'équerre; à l'aide d'une simple ficelle, on mesure le tour de la pièce, puis on prend le quart de ce tour pour équarrissage. Il est évident que si la pièce est équarrie à vive arête et que si les 4 faces sont égales, le quart du tour mesuré à la ficelle exprimera exactement l'équarrissage de la pièce, mais le procédé *à la ficelle* ne concorde avec celui à l'équerre que dans ce cas particulier, peu fréquent dans la pratique ordinaire.

En général, le cubage à la ficelle donne un équarrissage inférieur à l'équarrissage qu'on obtiendrait par l'équerre; le volume qui en résulte est plus faible. Toutefois, les bois qu'on soumet à ce mode de cubage ne sont pas toujours équarris sur quatre faces, souvent ils sont simplement dépouillés de leur écorce et arrondis ou équarris en octogone régulier, ou bien équarris avec plus ou moins de flaches et d'aubier; mais le volume du cubage s'approche d'autant plus du volume réel que la pièce a moins de flaches.

Quant à la manière de prendre le quart du tour mesuré par la ficelle, elle varie avec les localités ; tantôt on prend pour équarrissage le plus grand multiple de 3 centimètres, ou de 2 centimètres compris dans le quart du tour, tantôt on admet des côtés d'équarrissage inégaux lorsque la combinaison est plus avantageuse.

Supposons, par exemple, que la ficelle ait donné $1^m,64$; dans certaines régions on prendra pour équarrissage :

$$0,39 \times 0,39$$

ailleurs :

$$0,40 \times 0,40$$

ailleurs encore :

$$0,40 \times 0,42$$

à cet égard ce sont les usages et les conventions qui font la loi des parties.

Les pièces de charpente ne sont pas toujours à axe rectiligne ; on emploie, notamment dans la construction des navires, des pièces courbes dont l'axe a une flèche plus ou moins grande, suivant la destination spéciale que ces pièces doivent recevoir ; deux faces sont planes et deux faces courbes. En terme de construction navale, les pièces de bois qui ont une ou plusieurs courbures de cette sorte sont désignés sous le nom de *bois courbants*, et l'on réserve la désignation de *bois courbes* aux pièces formées par l'intersection de deux branches faisant un angle plus ou moins ouvert ; elles sont utilisées comme *courbes d'étambot, courbes de pont*, etc.

Tout équarrissage comporte deux dimensions, la largeur et l'épaisseur ; pour *les courbants*, l'épaisseur est la distance entre les deux faces planes, elle se mesure, par conséquent, sur l'une des faces courbes ; cette dimension s'appelle *le droit*; la largeur est la distance entre les deux faces courbes, elle se mesure, par conséquent, sur l'une des faces planes ; cette seconde dimension s'appelle *le tour*. Ces désignations *de tour* et *de droit*, pour la largeur et l'épaisseur des pièces de charpente quelconques, ne sont usitées que pour les pièces de marine.

La longueur *des bois courbants* se mesure parallèlement à l'axe courbe des pièces (1).

§ II. — *Bois de feu.*

Tout bois impropre à la charpente ou à l'industrie est utilisé comme combustible. Cependant il arrive quelquefois que certains arbres pouvant fournir du bois d'industrie et même de charpente sont convertis entièrement en bois de feu, à cause de la valeur vénale qu'atteint parfois cette marchandise; mais ce sont là des cas exceptionnels.

Les bois de feu se divisent :

1° En bois de chauffage proprement dits, destinés à

---

(1) D'après les usages de la marine, les longueurs sont prises en nombres pairs de décimètres; les fractions de 10 centimètres et au-dessous sont négligées, celles au-dessus sont comptées pour un décimètre; les circonférences sur écorce sont prises en décimètres; les fractions de 5 centimètres et au-dessous sont négligées, celles au-dessus sont comptées pour un décimètre; enfin les équarrissages sont exprimés en nombres pairs de centimètres; toute fraction d'un centimètre et au-dessous est négligée; celle au-dessus est comptée pour un centimètre.

alimenter, les uns, les foyers domestiques; les autres,
les fours de boulangerie, de verrerie, etc.;

2º En bois de charbon dits *charbonnettes*, carbonisés
en forêt et donnant, soit du charbon de cuisine, soit du
charbon de forge;

3º En fagots et bourrées, comprenant les menus bois
servant au chauffage dans les campages et surtout au
chauffage des fours à chaux, à plâtres, des tuileries et
briqueteries, etc.

Les bois de chauffage et la charbonnette se mesurent
par des procédés identiques. Les bûches sont empilées
de manière à ne laisser que le moins d'interstices possibles entre elles dans une membrure (fig. 5), dont les
dimensions sont fixées d'avance, de façon que l'espace

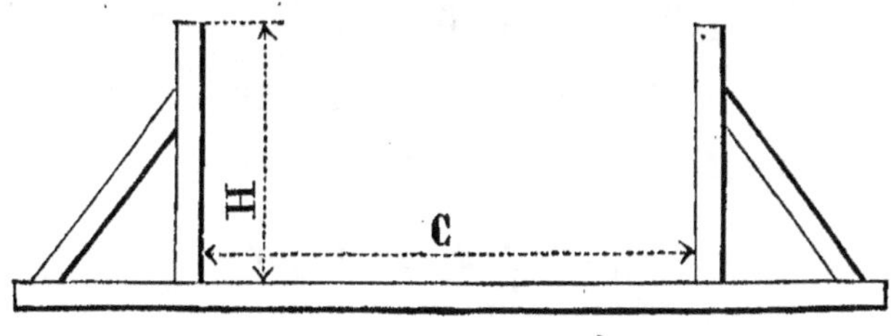

Fig. 5.

occupé par la pile forme un parallélipipède droit, dont
les trois dimensions sont la longueur des bûches = L,
la hauteur de la pile = II, la longueur de la pile ou
couche = C.

Lo longueur des bûches varie suivant les usages locaux
et selon les diverses destinations à donner au bois, entre
0ᵐ,66 (ou 2 pieds de roi, en ancienne mesure), et 1ᵐ,30
(ou 4 pieds de roi). On ne mesure jamais ensemble que
les bois ayant même longueur de bûche. Dans ce me-

surage, on doit donc considérer la longueur des bûches comme une quantité constante; la hauteur de la pile H, et la longueur de couche C sont seules indéterminées; toutefois, on est convenu, ce qui d'ailleurs est prescrit par les règlements, de calculer la hauteur, de façon qu'en la multipliant par la longueur de bûche, le produit soit exactement égal à un mètre carré; il suffit alors de connaître en mètres et sous multiples du mètre la longueur de couche, pour exprimer sans calcul le nombre de mètres cubes et décimètres cubes correspondant au volume de la pile.

S'agit-il de bois de 4 pieds, ayant par conséquent $1^m,30$ de longueur, on aura :

$$H = \frac{1^{mq}}{1,30} = 0^m,77;$$

de même pour le bois de 2 pieds, ayant $0^m,66$ de longueur (dimension de la charbonnette), on aurait :

$$H = \frac{1^{mq}}{0,66} = 1^m,52.$$

Si donc du bois de 4 pieds, ou *grand bois, bois de corde, bois de moule*, etc., était empilé à $0^m,77$ de hauteur et que la pile mesurât 3 mètres et 3 décimètres de longueur de couche, le volume de cette pile serait de 3 mètres cubes et 3 dixièmes de mètre cube.

En matière de bois de chauffage l'unité de mesure est le *stère*. On entend par un stère de bois de chauffage la quantité de bûches empilées que peut contenir un espace mesurant un mètre cube. La pile que nous avons prise précédemment pour exemple mesurerait 3 stères et 3 décistères.

La loi du 4 juillet 1837 et l'ordonnance du 16 juin 1839 prescrivent de n'employer pour la vente du bois de chauffage que les trois mesures suivantes : le *stère*, le *double-stère* et le *demi-décastère*; les membrures correspondant à ces mesures doivent avoir : la première 1 mètre de couche, la seconde 2 mètres, la troisième 3 mètres; la hauteur du montant de ces membrures doit être réglée selon la longueur des bûches. Toutefois, ce qui importe le plus à la régularité des transactions, ce n'est pas tant la fixation de mesures spéciales du genre de celles que nous venons d'indiquer; la quantité de bois mesurée variant avec le soin plus ou moins grand que l'on prend en l'empilant, c'est surtout cette opération de l'empilage qui doit être loyale et consciencieuse. Il y a d'ailleurs des règlements de police sur la manière dont les piles de bois doivent être composées. D'après un décret du 6 septembre 1852, on doit exclure les bûches cambrées, dont la courbure peut donner en son milieu une flèche de $0^m,15$ à $0^m,20$, en prenant pour corde de l'arc une ficelle tendue passant par les deux extrémités de la bûche; celles qui présentent deux courbures, dont les flèches réunies donnent également $0^m,15$ à $0^m,20$; celles qui sont creuses ou pourries, celles qui n'ont pas la longueur voulue.

Néanmoins les empilages défectueux se sont quelquefois tellement multipliés dans le commerce de détail, qu'on a été amené à abandonner les mesures de capacité pour vendre au poids. Cet usage, bien qu'assez répandu, n'est pas général parce qu'il n'est pas sans d'assez graves inconvénients. Le poids spécifique d'une même essence, en effet, est en raison du plus ou moins grand degré d'humidité du bois, en raison inverse, par conséquent, de sa

qualité comme combustible à consommer immédiatement;
de là souvent de grandes difficultés pour obtenir du bois
sec. On ne peut donc pas préciser le poids du stère de
bois de chauffage; on admet dans le commerce de Paris
qu'il est de 400 kil. pour les bois durs et de 300 kil.
pour les bois blancs; ces chiffres paraissent trop faibles;
par des expériences où l'on empilait le bois avec soin, on
a trouvé que le poids du stère de bois dur varie entre
435 et 500 kil.

Généralement, dans les endroits où l'on mesure en
grand le bois de feu, dans les forêts et sur les ports,
on n'a pas de membrures de la forme indiquée dans la

Fig. 6.

fig. 5. On y supplée à l'aide de piquets en bois fichés
verticalement dans le sol et solidement arc-boutés comme
l'indique le dessin de la fig. 6. Il faut choisir avec soin
l'emplacement de chaque pile, rechercher un endroit sec
et aussi horizontal que possible, placer chaque bûche de
façon à ne laisser que le moins de vide possible. Enfin,

lorsque les piles doivent séjourner quelques mois avant
d'être mesurées, comme il se produit toujours un tasse-
ment qui a pour effet de diminuer la hauteur d'environ
4 ou 5 %, il faut, dans cette prévision, élever la pile de
3 ou 4 centimètres en plus de la hauteur exacte.

On trouvera dans le tableau suivant les hauteurs
exactes à donner aux piles pour les différentes longueurs
de bûche généralement adoptées.

DÉSIGNATION des bois	LONGUEURS de bûche		HAUTEURS des piles	OBSERVATIONS
	mesure nouvelle	ancienne mesure		
Grand bois . .	1ᵐ,30	4 p.	0ᵐ,77	Quand la hauteur est un peu forte on la diminue quelque-fois de moitié; il faut alors diviser par 2 la longueur de couche pour avoir le nombre de stères.
Id.	1 ,14	3 p. ¹/₂	0 ,88	
Bois de bran-ches.	1 ,81	2 p. ¹/₂	1 ,23	
Charbonnette.	0 ,66	2 p.	1 ,52	

Dans nombre de cas, il est intéressant et utile de connaître le rapport du vide au plein d'un stère de bois de feu.
Si les bûches empilées étaient toutes des cylindres ayant
même diamètre, il serait facile de déterminer ce rapport,
qui alors serait constant, quel que fût le diamètre des
cylindres égaux. En effet, désignons par d le diamètre
d'une bûche exactement cylindrique, par H la hauteur
de la pile et par C la longueur de sa couche. Le volume
total de la pile sera, en appelant L la longueur des
bûches, $H \times C \times L$; quant au volume réel des bûches,

chaque bûche cubant $\dfrac{\pi}{4}\, d^2\, L$, il sera exprimé par autant de fois ce dernier volume partiel qu'il y aura de bûches dans la pile ; dans le sens de la couche il y en aura évidemment un nombre égal à $\dfrac{C}{d}$ et dans le sens de la hauteur un nombre égal à $\dfrac{H}{d}$; et en totalité $\dfrac{H\,C}{d^2}$; par conséquent, en divisant le volume des cylindres $\dfrac{\pi\,d^2}{4} \times \dfrac{H\,C\,L}{d^2}$ par H C L le volume total de la pile, on a :

$$\frac{\pi}{4} = 0,7854 \,;$$

le rapport cherché du vide au plein sera donc :

$$\frac{4 - \pi}{\pi} = 0,2732.$$

Mais en réalité les choses ne se passent pas ainsi, c'est-à-dire que les bûches de bois de feu ne sont ni des cylindres parfaits ni d'égale grosseur ; aussi le rapport que nous venons de trouver est-il généralement trop faible et dans une mesure proportionnelle à l'irrégularité même des bûches. Certains bois, tels que ceux d'orme, de chêne, les bois de branche, sont fort peu droits, dans ce cas le rapport du vide au plein peut être exprimé par un chiffre voisin de $^1/_2$; pour d'autres bois tels que ceux de hêtre, de frêne, de tremble, etc., le rapport diminue et peut descendre jusqu'au tiers environ.

On appelle *facteur* ou *coefficient d'empilage* le rapport du volume total de la pile, au volume réel des bûches empilées d'un stère de bois de feu, ainsi le facteur d'empilage dans le cas hypothétique de cylindres égaux serait $\dfrac{4}{\pi} = 1^s,27$. Le facteur d'empilage varie, toutes circonstances égales d'ailleurs, avec les essences et, pour une même essence, avec la longueur de bûche. Les bois tortus, noueux donnent un facteur d'empilage plus fort que les bois droits ; les bûches courtes, au contraire, un facteur d'empilage plus faible.

Plusieurs procédés servent à déterminer les facteurs d'empilage :

1° On empile aussi bien que possible un stère de bois, puis on cube séparément chaque bûche de la pile considérée comme cylindre ; la division du premier volume par le volume réel des bûches donne le facteur cherché.

2° Au lieu de cuber directement chaque bûche, on en détermine le volume par immersion dans une cuve de capacité facile à calculer ; le volume d'eau déplacée est égal au volume des bûches immergées.

D'après des expériences assez nombreuses on peut admettre en général que ce facteur varie :

De 1,35 à 1,45 pour les bois droits, et de 1,60 à 1,80 pour les bois tortus et noueux.

Les fagots et les bourrées, qui sont des faisceaux de branches et de ramilles maintenues par un lien ou hart, se comptent au cent. Leurs dimensions varient suivant les localités, elles sont assez généralement de $1^m,30$ de long sur 0,80 de tour à la hart. On les consomme ordinairement dans le voisinage des forêts.

On peut, comme pour les bois empilés, déterminer la quantité de matière ligneuse comprise dans un cent de fagots de dimensions connues. Pour cela, on détermine par des pesées le poids moyen d'un fagot, on immerge ensuite un des fagots dont on connaît le poids exact afin d'en déterminer le volume ; en appelant P le poids moyen d'un fagot, p le poids du fagot d'expérience, v le volume d'eau déplacé par ce fagot, on aura pour volume du cent de fagots :

$$V = \frac{100\,P\,v}{p}.$$

§ III. — *Exécution des calculs de cubage.*

La plupart des livres écrits pour servir de guide dans l'art de cuber les bois, se composent presqu'exclusivement d'interminables tarifs sur la construction desquels l'auteur donne fort peu d'explications, dont l'exactitude ne peut pas toujours être contrôlée avec facilité et où enfin l'on rencontre quelquefois les anciens usages amalgamés avec les nouveaux. Nous avons cherché à éviter ces inconvénients et nous nous contentons d'ajouter au chapitre du cubage des bois abattus, les tables suivantes, à l'aide desquelles, par des opérations très-simples, on peut arriver à évaluer un matériel de bois abattu quelconque, *quel que soit l'usage de la localité où l'on opère.*

TABLE PREMIÈRE.

Cette table donne le volume des cylindres de cinq millimètres en cinq millimètres jusqu'à un mètre de diamètre pour un mètre de hauteur.

La seconde colonne indique les circonférences qui correspondent aux diamètres inscrits dans la première colonne. Cette table est la base de tous les cubages des bois.

1° *Cubage cylindrique.* — Soit un arbre de $0^m,60$ de diamètre moyen et de 12 mètres de longueur; on cherche dans la colonne des diamètres le nombre 0,60 et sur la même ligne, dans la 3° colonne, le volume du cylindre d'un mètre de hauteur correspondant qui est $0^{mc},282743$; comme ce nombre doit être multiplié par 12 pour donner le volume de l'arbre et qu'il suffit d'arriver à un décimètre cube près, on prendra seulement quatre chiffres; on aura donc :

$$V = 0^{m'},2827 \times 12 = 3^{mc},392.$$

Si au lieu d'un arbre on en avait 50 ayant 0,60 de diamètre moyen et une longueur totale ensemble de 575 mètres, on aurait :

$$V = 0^{mc},282743 \times 575 = 162^{mc},577.$$

2° *Cubage au quart sans déduction.* — On déterminera d'abord à l'aide de la table le volume cylindrique de l'arbre donné, comme nous l'avons montré ci-dessus, puis on multipliera le volume trouvé par le coefficient de conversion 0,785 (page 21).

Dans l'exemple précédent on aurait donc :

$$V_4 = 3^m,392 \times 0,785 = 2^{mc},663.$$

3° *Cubage au cinquième et au sixième déduit.* — On opérera comme précédemment en appliquant soit le facteur 0,5026, soit le facteur 0,5454 selon qu'il s'agira du cubage au cinquième ou au sixième déduit; on aurait donc :

$$V_5 = 3^m,392 \times 0,5026 = 1^{mc},705.$$
$$V_6 = 3^m,392 \times 0,5454 = 1^{mc},850.$$

4° *Cubage en bois de feu.* — Certaines essences d'arbres, malgré leurs fortes ·dimensions, sont souvent vendues comme bois de feu. Ce sont par exemple l'orme, le hêtre, le charme. Dans ce cas il faut cuber les arbres au volume cylindrique en mètres cubes pleins, et convertir ensuite cette unité en stère au moyen d'un facteur de conversion convenablement choisi.

Supposons que l'arbre dont nous avons calculé précédemment le volume soit de l'essence de charme ; on multiplierait son volume cylindrique par le facteur 1,65, on obtiendrait ainsi le volume de l'arbre supposé débité en bois de chauffage par bûches de longueur d'usage et fendues en quartier :

$$V_{st} = 3,392 \times 1,65 = 5^{st},60$$

s'il s'agissait de hêtres, le coefficient à employer serait moins fort, c'est-à-dire, par exemple, de 1,40 et l'on aurait :

$$V_{st} = 3,392 \times 1,40 = 4^{st},75.$$

5° *Cubage au volume réel.* — L'application de la formule $\frac{\pi}{4} h(d^2 + d'^2...)$ est facilitée par la table I, puisque chacun des termes compris entre parenthèses multiplié par $\frac{\pi}{4}$ est donné pour un mètre de hauteur ; il suffit d'en multiplier la somme par h que l'on fait généralement égal à 1 ou à 2. Quelquefois dans sa partie supérieure la tige se termine coniquement ; dans ce cas on assimile cette partie de la tige à un cône géométrique ; c'est le *cône terminal* ; son volume s'obtiendra encore au moyen de la table I, puisque nous savons que le cône est le tiers du cylindre de même base et de même hauteur.

Soit, comme exemple, une tige de chêne de 17 mètres de longueur et d'un diamètre de $0^m,35$ à $1^m,50$ du sol, qu'on décompose en cinq billons cylindriques de deux mètres de longueur et en un cône terminal de 7 mètres ; on en calculera le volume réel ainsi qu'il suit à l'aide de la table I :

Diam. moyen, 0,37 vol. p. 1^m 0,1075
— 0,33 — 0,0855
— 0,33 — 0,0855 $\Big\}=0,3983\times2=0^{mc},7966$
— 0,30 — 0,0707
— 0,25 — 0,0491

Diam. à la base, 0,24 (cône)   0,0452 $\times\dfrac{1}{3}\,7=\;0\;,1055$

Cube total de la tige . . . . $0^{mc},9021$

TABLE II.

La table II donne les diamètres correspondant à des circonférences données. On y a recours quand au lieu de prendre directement les diamètres des arbres on a mesuré leur circonférence et qu'on veut déterminer l'équarrissage en fonction du diamètre moyen de la tige.

Soit, comme exemple, un arbre ayant $1^m,90$ de circonférence moyenne et 12 mètres de longueur à cuber dans ces conditions. La table II donne en face du nombre $1^m,90$, lu dans la colonne des circonférences, le nombre $0^m,605$ qui est le diamètre correspondant sur écorce, en supposant que l'écorce et l'aubier aient une épaisseur de 0,03, retranchant du diamètre 0,605, le double de 0,03

ou 0,06, on aura pour diamètre sur *franc-bois* 0^m,545 ;
appliquant par exemple à ce diamètre le coefficient 0,819
(page 29), on a 0,545 × 0,819 = 0,446, d'où l'équarrissage de la pièce proposée comme exemple sera de
0,44 × 0,44, son cube sera par conséquent de :

$$0,44 × 0,44 × 12 = 2^{mc},323.$$

Comme il est d'usage de ne compter les circonférences
que de 2 en 2, de 3 en 3, de 10 en 10 ou de 25 en 25 centimètres, nous n'avons introduit dans la table que des
circonférences multiples des trois nombres 2, 3 et 5.

TABLE III.

La table III renferme les équarrissages correspondant
à un pourtour donné. La 1re colonne des équarrissages
donne les dimensions du cubage au quart sans déduction, en n'admettant pour équarrissage que le plus grand
multiple de 2 centimètres compris dans le quart de la
circonférence ; la 2e colonne n'admet que des équarrissages multiples de 3 centimètres ; enfin la 3e colonne,
intitulée *équarrissage mixte*, admet des équarrissages
de dimensions inégales et multiples, soit de 2, soit de
3 centimètres.

S'il s'agit d'une pièce en grume, le pourtour est la
circonférence mesurée au ruban ou à *la ficelle* ; on en
déduit, au moyen de la table III, l'équarrissage au quart
sans déduction.

S'agit-il d'une pièce équarrie à vive arête, on déduit
du pourtour l'équarrissage de la pièce.

Enfin, s'il s'agit d'une pièce blanchie ou plus ou moins

équarrie, on obtient par cette table les dimensions du *cubage à la ficelle,* adopté dans un grand nombre de localités, notamment dans les bassins de la Saône et du Rhône.

TABLE IV.

La table IV fait connaître le volume d'une pièce de bois équarrie d'un mètre de longueur et d'un équarrissage donné. Les dimensions de l'équarrissage ne sont pas toujours égales, souvent il existe entre elles une différence de 1, 2, 3, 4 et même 6 centimètres. La table IV renferme tous les cas d'équarrissage possibles. La 1re colonne donne la plus petite dimension des deux; celles intitulées 0, 1, 2, 3, 4, et 6 comprennent le volume correspondant à l'équarrissage dont la petite dimension figure dans la 1re colonne et dont la 2° dimension est égale à la 1re, ou lui est supérieure de 1, 2, 3, 4 ou 6 centimètres.

S'il s'agissait, par exemple, d'une pièce de charpente de 12 mètres de longueur et portant $0,33 \times 0,36$ d'équarrissage; on chercherait dans la 1re colonne le nombre 0,33, puis sur la même ligne et dans la colonne intitulée 3, le volume 0,1188 pour un mètre de longueur, la pièce de charpente aurait donc pour cube :

$$0,1188 \times 12 = 1^{mc},426.$$

Cette table peut être utilisée pour le cubage des arbres en grume lorsqu'on en a déterminé les équarrissages, soit en fonction du diamètre, soit à l'aide de la table III.

TABLE PREMIÈRE.

DES VOLUMES DES CYLINDRES D'UN MÈTRE DE HAUTEUR ET D'UN DIAMÈTRE VARIANT DE 0ᵐ,100 A 0ᵐ,995 DE 5 EN 5 MILLIM.

Diamètre.	CIRCON-FÉRENCE.	VOLUME.	Diamètre.	CIRCON-FÉRENCE.	VOLUME.
m	m	m c	m	m	m c
0,100	0,314	0,007 854	0,300	0,942	0,070 686
0,105	0,330	0,008 659	0,305	0,958	0,073 062
0,110	0,346	0,009 503	0,310	0,974	0,075 477
0,115	0,361	0,010 387	0,315	0,990	0,077 931
0,120	0,377	0,011 310	0,320	1,005	0,080 425
0,125	0,393	0,012 272	0,325	1,021	0,082 958
0,130	0,408	0,013 273	0,330	1,037	0,085 530
0,135	0,424	0,014 314	0,335	1,052	0,088 141
0,140	0,440	0,015 394	0,340	1,068	0,090 792
0,145	0,455	0,016 513	0,345	1,084	0,093 482
0,150	0,471	0,017 671	0,350	1,100	0,096 211
0,155	0,487	0,018 869	0,355	1,115	0,098 980
0,160	0,503	0,020 106	0,360	1,131	0,101 788
0,165	0,518	0,021 382	0,365	1,147	0,104 635
0,170	0,534	0,022 698	0,370	1,162	0,107 524
0,175	0,550	0,024 053	0,375	1,178	0,110 447
0,180	0,565	0,025 447	0,380	1,194	0,113 411
0,185	0,581	0,026 880	0,385	1,209	0,116 416
0,190	0,597	0,028 353	0,390	1,225	0,119 459
0,195	0,613	0,029 865	0,395	1,241	0,122 542
0,200	0,628	0,031 416	0,400	1,257	0,125 664
0,205	0,644	0,033 006	0,405	1,272	0,128 825
0,210	0,660	0,034 636	0,410	1,288	0,132 025
0,215	0,675	0,036 305	0,415	1,304	0,135 265
0,220	0,691	0,038 013	0,420	1,319	0,138 544
0,225	0,707	0,039 761	0,425	1,335	0,141 862
0,230	0,723	0,041 548	0,430	1,351	0,145 220
0,235	0,738	0,043 374	0,435	1,367	0,148 617
0,240	0,754	0,045 239	0,440	1,382	0,152 053
0,245	0,770	0,047 143	0,445	1,398	0,155 528
0,250	0,785	0,049 087	0,450	1,414	0,159 043
0,255	0,801	0,051 070	0,455	1,429	0,162 597
0,260	0,817	0,053 093	0,460	1,445	0,166 190
0,265	0,832	0,055 155	0,465	1,461	0,169 823
0,270	0,848	0,057 255	0,470	1,477	0,173 494
0,275	0,864	0,059 396	0,475	1,492	0,177 205
0,280	0,880	0,061 575	0,480	1,508	0,180 956
0,285	0,895	0,063 794	0,485	1,524	0,184 745
0,290	0,911	0,066 052	0,490	1,539	0,188 574
0,295	0,927	0,068 349	0,495	1,555	0,192 442

Diamètre.	CIRCON-FÉRENCE.	VOLUME.	Diamètre.	CIRCON-FÉRENCE.	VOLUME.
m	m	m c	m	m	m c
0,500	1,571	0,196 349	0,750	2,356	0,441 786
0,505	1,586	0,200 296	0,755	2,372	0,447 697
0,510	1,602	0,204 282	0,760	2,388	0,453 646
0,515	1,618	0,208 307	0,765	2,403	0,459 635
0,520	1,634	0,212 372	0,770	2,419	0,465 663
0,525	1,649	0,216 475	0,775	2,435	0,471 730
0,530	1,665	0,220 618	0,780	2,450	0,477 836
0,535	1,681	0,224 801	0,785	2,466	0,483 982
0,540	1,696	0,229 022	0,790	2,482	0,490 167
0,545	1,712	0,233 283	0,795	2,498	0,496 391
0,550	1,728	0,237 583	0,800	2,513	0,502 655
0,555	1,744	0,241 922	0,805	2,529	0,508 958
0,560	1,759	0,246 301	0,810	2,545	0,515 300
0,565	1,775	0,250 719	0,815	2,560	0,521 681
0,570	1,791	0,255 176	0,820	2,576	0,528 102
0,575	1,806	0,259 672	0,825	2,592	0,534 562
0,580	1,822	0,264 208	0,830	2,607	0,541 061
0,585	1,838	0,268 783	0,835	2,623	0,547 599
0,590	1,853	0,273 397	0,840	2,639	0,554 177
0,595	1,869	0,278 052	0,845	2,655	0,560 794
0,600	1,885	0,282 743	0,850	2,670	0,567 450
0,605	1,901	0,287 475	0,855	2,686	0,574 146
0,610	1,916	0,292 247	0,860	2,702	0,580 880
0,615	1,932	0,297 057	0,865	2,717	0,587 654
0,620	1,948	0,301 907	0,870	2,733	0,594 468
0,625	1,963	0,306 796	0,875	2,749	0,601 320
0,630	1,979	0,311 724	0,880	2,765	0,608 212
0,635	1,995	0,316 692	0,885	2,780	0,615 143
0,640	2,011	0,321 699	0,890	2,796	0,622 114
0,645	2,026	0,326 745	0,895	2,812	0,629 124
0,650	2,042	0,331 831	0,900	2,827	0,636 172
0,655	2,058	0,336 955	0,905	2,843	0,643 261
0,660	2,073	0,342 119	0,910	2,859	0,650 388
0,665	2,089	0,347 323	0,915	2,875	0,657 555
0,670	2,105	0,352 565	0,920	2,890	0,664 761
0,675	2,121	0,357 847	0,925	2,906	0,672 006
0,680	2,136	0,363 168	0,930	2,922	0,679 291
0,685	2,152	0,368 528	0,935	2,937	0,686 615
0,690	2,168	0,373 928	0,940	2,953	0,693 978
0,695	2,183	0,379 367	0,945	2,969	0,701 380
0,700	2,199	0,384 845	0,950	2,984	0,708 822
0,705	2,215	0,390 362	0,955	3,000	0,716 303
0,710	2,230	0,395 919	0,960	3,016	0,723 823
0,715	2,246	0,401 515	0,965	3,032	0,731 382
0,720	2,262	0,407 150	0,970	3,047	0,738 981
0,725	2,278	0,412 825	0,975	3,063	0,746 619
0,730	2,293	0,418 539	0,980	3,079	0,754 296
0,735	2,309	0,424 293	0,985	3,094	0,762 013
0,740	2,325	0,430 084	0,990	3,110	0,769 769
0,745	2,340	0,435 916	0,995	3,126	0,777 564

TABLE II.

DIAMÈTRES CORRESPONDANT A DES CIRCONFÉRENCES DONNÉES,
DE 0m,40 à 4m,0 ET VARIANT DE 2 EN 2, DE 3 EN 3 ET DE 5 EN 5 CENT.

Circonférence	Diamètre	Circonférence	Diamètre	Circonférence	Diamètre	Circonférence	Diamètre
m c	m mm	m c	m mm	m c	m mm	m c	m mm
0,40	0,127	0,95	0,302	1,50	0,477	2,05	0,652
0,42	0,134	0,96	0,306	1,52	0,484	2,06	0,656
0,44	0,140	0,98	0,312	1,53	0,487	2,07	0,659
0,45	0,143	0,99	0,315	1,54	0,490	2,08	0,662
0,46	0,146	1,00	0,318	1,55	0,493	2,10	0,668
0,48	0,153	1,02	0,325	1,56	0,497	2,12	0,675
0,50	0,159	1,04	0,331	1,58	0,503	2,13	0,678
0,51	0,162	1,05	0,334	1,59	0,506	2,14	0,681
0,52	0,165	1,06	0,337	1,60	0,509	2,15	0,684
0,54	0,172	1,08	0,344	1,62	0,516	2,16	0,687
0,55	0,175	1,10	0,350	1,64	0,522	2,18	0,694
0,56	0,178	1,11	0,353	1,65	0,525	2,19	0,697
0,57	0,181	1,12	0,356	1,66	0,528	2,20	0,700
0,58	0,185	1,14	0,363	1,68	0,535	2,22	0,707
0,60	0,191	1,15	0,366	1,70	0,541	2,24	0,713
0,62	0,197	1,16	0,369	1,71	0,544	2,25	0,716
0,63	0,200	1,17	0,372	1,72	0,547	2,26	0,719
0,64	0,204	1,18	0,376	1,74	0,554	2,28	0,726
0,65	0,207	1,20	0,382	1,75	0,557	2,30	0,732
0,66	0,210	1,22	0,388	1,76	0,560	2,31	0,735
0,68	0,216	1,23	0,391	1,77	0,563	2,32	0,738
0,69	0,220	1,24	0,395	1,78	0,567	2,34	0,745
0,70	0,223	1,25	0,398	1,80	0,573	2,35	0,748
0,72	0,229	1,26	0,401	1,82	0,579	2,36	0,751
0,74	0,235	1,28	0,407	1,83	0,582	2,37	0,754
0,75	0,239	1,29	0,411	1,84	0,586	2,38	0,758
0,76	0,242	1,30	0,414	1,85	0,589	2,40	0,764
0,78	0,248	1,32	0,420	1,86	0,592	2,42	0,770
0,80	0,255	1,84	0,426	1,88	0,598	2,43	0,773
0,81	0,258	1,35	0,430	1,89	0,602	2,44	0,777
0,82	0,261	1,36	0,433	1,90	0,605	2,45	0,780
0,84	0,267	1,38	0,439	1,92	0,611	2,46	0,783
0,85	0,271	1,40	0,446	1,94	0,617	2,48	0,789
0,86	0,274	1,41	0,449	1,95	0,621	2,49	0,793
0,87	0,276	1,42	0,452	1,96	0,624	2,50	0,796
0,88	0,280	1,44	0,458	1,98	0 630	2,52	0,802
0,90	0,286	1,45	0,461	2,00	0,637	2,54	0,808
0,92	0,293	1,46	0,465	2,01	0,640	2,55	0,812
0,93	0,296	1,47	0,468	2,02	0,643	2,56	0,815
0,94	0,299	1,48	0,471	2,04	0,649	2,58	0,821

Circon-férence	Diamètre	Circon-férence	Diamètre	Circon-férence	Diamètre	Circon-férence	Diamètre
m c	m mm	m c	m mm	m c	m mm	m c	m mm
2,60	0,828	3,00	0,955	3,40	1,082	3,82	1,216
2,61	0,831	3,02	0,961	3,42	1,089	3,84	1,222
2,62	0,834	3,03	0,964	3,44	1,095	3,85	1,225
2,64	0,840	3,04	0,967	3,45	1,098	3,86	1,229
2,65	0,843	3,05	0,971	3,46	1,104	3,87	1,232
2,66	0,847	3,06	0,974	3,48	1,108	3,88	1,235
2,67	0,850	3,08	0,980	3,50	1,114	3,90	1,241
2,68	0,853	3,09	0,983	3,51	1,117	3,92	1,248
2,70	0,859	3,10	0,987	3,52	1,120	3,93	1,251
2,72	0,866	3,12	0,993	3,54	1,127	3,94	1,254
2,73	0,869	3,14	0,999	3,55	1,130	3,95	1,257
2,74	0,872	3,15	1,003	3,56	1,133	3,96	1,260
2,75	0,875	3,16	1,006	3,57	1,136	3,98	1,267
2,76	0,878	3,18	1,012	3,58	1,139	3,99	1,270
2,78	0,885	3,20	1,018	3,60	1,146	4,00	1,273
2,79	0,888	3,21	1,022	3,62	1,152		
2,80	0,894	3,22	1,025	3,63	1,155		
2,82	0,898	3,24	1,031	3,64	1,159		
2,84	0,904	3,25	1,034	3,65	1,162		
2,85	0,907	3,26	1,038	3,66	1,165		
2,86	0,910	3,27	1,041	3,68	1,171		
2,88	0,917	3,28	1,044	3,69	1,175		
2,90	0,923	3,30	1,050	3,70	1,178		
2,91	0,926	3,32	1,057	3,72	1,184		
2,92	0,929	3,33	1,060	3,74	1,190		
2,94	0,936	3,34	1,063	3,75	1,194		
2,95	0,939	3,35	1,066	3,76	1,197		
2,96	0,942	3,36	1,069	3,78	1,203		
2,97	0,945	3,38	1,076	3,80	1,210		
2,98	0,949	3,39	1,079	3,81	1,213		

TABLE III.

ÉQUARRISSAGE CORRESPONDANT A UN POURTOUR DONNÉ
(Cubage à la ficelle).

TOUR moyen de la pièce.	ÉQUARRISSAGES.			TOUR moyen de la pièce.	ÉQUARRISSAGES.		
	De 2 en 2 centim.	De 3 en 3 centim.	Mixte.		De 2 en 2 centim.	De 3 en 3 centim.	Mixte.
0,30	6 × 6	6 × 6	6 × 9	1,00	24 × 24	24 × 24	24 × 26
0,32	8 × 8	6 × 6	8 × 8	1,02	24 × 24	24 × 24	24 × 27
0,34	8 × 8	6 × 6	8 × 9	1,04	26 × 26	24 × 24	26 × 26
0,36	8 × 8	9 × 9	9 × 9	1,06	26 × 26	24 × 24	26 × 27
0,38	8 × 8	9 × 9	9 × 10	1,08	26 × 26	27 × 27	27 × 27
0,40	10 × 10	9 × 9	10 × 10	1,10	26 × 26	27 × 27	27 × 28
0,42	10 × 10	9 × 9	10 × 10	1,12	28 × 28	27 × 27	28 × 28
0,44	10 × 10	9 × 9	10 × 12	1,14	28 × 28	27 × 27	28 × 28
0,46	10 × 10	9 × 9	10 × 12	1,16	28 × 28	27 × 27	28 × 30
0,48	12 × 12	12 × 12	12 × 12	1,18	28 × 28	27 × 27	28 × 30
0,50	12 × 12	12 × 12	12 × 12	1,20	30 × 30	30 × 30	30 × 30
0,52	12 × 12	12 × 12	12 × 14	1,22	30 × 30	30 × 30	30 × 30
0,54	12 × 12	12 × 12	12 × 15	1,24	30 × 30	30 × 30	30 × 32
0,56	14 × 14	12 × 12	14 × 14	1,26	30 × 30	30 × 30	30 × 33
0,58	14 × 14	12 × 12	14 × 15	1,28	32 × 32	30 × 30	32 × 32
0,60	14 × 14	15 × 15	15 × 15	1,30	32 × 32	30 × 30	33 × 33
0,62	14 × 14	15 × 15	15 × 16	1,32	32 × 32	33 × 33	33 × 33
0,64	16 × 16	15 × 15	16 × 16	1,34	32 × 32	33 × 33	33 × 34
0,66	16 × 16	15 × 15	16 × 16	1,36	34 × 34	33 × 33	34 × 34
0,68	16 × 16	15 × 15	16 × 18	1,38	34 × 34	33 × 33	34 × 34
0,70	16 × 16	15 × 15	16 × 18	1,40	34 × 34	33 × 33	34 × 36
0,72	18 × 18	18 × 18	18 × 18	1,42	34 × 34	33 × 33	34 × 36
0,74	18 × 18	18 × 18	18 × 18	1,44	36 × 36	36 × 36	36 × 36
0,76	18 × 18	18 × 18	18 × 20	1,46	36 × 36	36 × 36	36 × 36
0,78	18 × 18	18 × 18	18 × 20	1,48	36 × 36	36 × 36	36 × 38
0,80	20 × 20	18 × 18	20 × 20	1,50	36 × 36	36 × 36	36 × 38
0,82	20 × 20	18 × 18	20 × 21	1,52	38 × 38	36 × 36	38 × 38
0,84	20 × 20	21 × 21	21 × 21	1,54	38 × 38	36 × 36	38 × 39
0,86	20 × 20	21 × 21	21 × 22	1,56	38 × 38	39 × 39	39 × 39
0,88	22 × 22	21 × 21	22 × 22	1,58	38 × 38	39 × 39	39 × 40
0,90	22 × 22	21 × 21	22 × 22	1,60	40 × 40	39 × 39	40 × 40
0,92	22 × 22	21 × 21	22 × 24	1,62	40 × 40	39 × 39	40 × 40
0,94	22 × 22	21 × 21	22 × 24	1,64	40 × 40	39 × 39	40 × 42
0,96	24 × 24	24 × 24	24 × 24	1,66	40 × 40	39 × 39	40 × 42
0,98	24 × 24	24 × 24	24 × 24	1,68	42 × 42	42 × 42	42 × 42

TOUR moyen de la pièce.	ÉQUARRISSAGES.		
	De 2 en 2 centim.	De 3 en 3 centim.	Mixte.
1,70	42 × 42	42 × 42	42 × 42
1,72	42 × 42	42 × 42	42 × 44
1,74	42 × 42	42 × 42	42 × 45
1,76	44 × 44	42 × 42	44 × 44
1,78	44 × 44	42 × 42	44 × 45
1,80	44 × 44	45 × 45	45 × 45
1,82	44 × 44	45 × 45	45 × 46
1,84	46 × 46	45 × 45	46 × 46
1,86	46 × 46	45 × 45	46 × 46
1,88	46 × 46	45 × 45	46 × 48
1,90	46 × 46	45 × 45	46 × 48
1,92	48 × 48	48 × 48	48 × 48
1,94	48 × 48	48 × 48	48 × 48
1,96	48 × 48	48 × 48	48 × 50
1,98	48 × 48	48 × 48	48 × 51
2,00	50 × 50	48 × 48	50 × 50
2,02	50 × 50	48 × 48	50 × 51
2,04	50 × 50	51 × 51	51 × 51
2,06	50 × 50	51 × 51	51 × 52
2,08	52 × 52	51 × 51	52 × 52
2,10	52 × 52	51 × 51	52 × 52
2,12	52 × 52	51 × 51	52 × 54
2,14	52 × 52	51 × 51	52 × 54
2,16	54 × 54	54 × 54	54 × 54
2,18	54 × 54	54 × 54	54 × 54
2,20	54 × 54	54 × 54	54 × 56
2,22	54 × 54	54 × 54	54 × 56
2,24	56 × 56	54 × 54	56 × 56
2,26	56 × 56	54 × 54	56 × 57
2,28	56 × 56	57 × 57	57 × 57
2,30	56 × 56	57 × 57	57 × 58
2,32	58 × 58	57 × 57	58 × 58
2,34	58 × 58	57 × 57	58 × 58
2,36	58 × 58	57 × 57	58 × 60
2,38	58 × 58	57 × 57	58 × 60
2,40	60 × 60	60 × 60	60 × 60
2,42	60 × 60	60 × 60	60 × 60
2,44	60 × 60	60 × 60	60 × 62
2,46	60 × 60	60 × 60	60 × 63
2,48	62 × 62	60 × 60	62 × 62
2,50	62 × 62	60 × 60	62 × 63
2,52	62 × 62	63 × 63	63 × 63
2,54	62 × 62	63 × 63	63 × 64
2,56	64 × 64	63 × 63	64 × 64
2,58	64 × 64	63 × 63	64 × 64
2,60	64 × 64	63 × 63	64 × 66
2,62	64 × 64	63 × 63	64 × 66
2,64	66 × 66	66 × 66	66 × 66
2,66	66 × 66	66 × 66	66 × 66
2,68	66 × 66	66 × 66	66 × 68
2,70	66 × 66	66 × 66	66 × 69
2,72	68 × 68	66 × 66	68 × 68
2,74	68 × 68	66 × 66	68 × 69
2,76	68 × 68	69 × 69	69 × 69
2,78	68 × 68	69 × 69	69 × 70
2,80	70 × 70	69 × 69	70 × 70
2,82	70 × 70	69 × 69	70 × 70
2,84	70 × 70	69 × 69	70 × 72
2,86	70 × 70	69 × 69	70 × 72
2,88	72 × 72	72 × 72	72 × 72
2,90	72 × 72	72 × 72	72 × 72
2,92	72 × 72	72 × 72	72 × 74
2,94	72 × 72	72 × 72	72 × 75
2,96	74 × 74	72 × 72	74 × 74
2,98	74 × 74	72 × 72	74 × 75
3,00	74 × 74	75 × 75	75 × 75
3,02	74 × 74	75 × 75	75 × 76
3,04	76 × 76	75 × 75	76 × 76
3,06	76 × 76	75 × 75	76 × 76
3,08	76 × 76	75 × 75	76 × 78
3,10	76 × 76	75 × 75	76 × 78
3,12	78 × 78	78 × 78	78 × 78
3,14	78 × 78	78 × 78	78 × 78
3,16	78 × 78	78 × 78	78 × 80
3,18	78 × 78	78 × 73	78 × 81
3,20	80 × 80	78 × 78	80 × 80
3,22	80 × 80	78 × 78	80 × 81

TABLE IV.

ÉQUARRISSAGES DE 2 EN 2 ET DE 3 EN 3 CENTIMÈTRES, ET VOLUMES
QUI EN RÉSULTENT POUR 1 MÈTRE DE LONGUEUR.

1re dimension d'équarrissage.	NOMBRE DE CENTIMÈTRES EN SUS POUR LA 2e DIMENSION.					
	0	1	2	3	4	6
0,06	0,0036	»	0,0048	0,0054	0,0060	0,0072
0,08	0,0064	0,0072	0.0080	»	0,0096	0,0112
0,09	0,0081	0,0090	»	0,0108	»	0,0135
0,10	0,0100	»	0,0120	»	0,0140	0,0160
0,12	0,0144	»	0,0168	0,0180	0,0192	0,0216
0,14	0,0196	0,0240	0,0224	»	0,0252	0,0280
0,15	0,0225	0,0240	»	0,0270	»	0,0315
0,16	0,0256	»	0,0288	»	0,0320	0,0352
0,18	0,0324	»	0,0360	0,0378	0,0396	0,0432
0,20	0,0400	0,0420	0,0440	»	0,0480	0,0520
0,21	0,0441	0,0462	»	0,0504	»	0,0567
0,22	0,0484	»	0,0528	»	0,0572	0,0616
0,24	0,0576	»	0,0624	0,0648	0,0672	0,0720
0,26	0,0676	0,0702	0,0728	»	0,0780	0,0832
0,27	0,0729	0,0756	»	0,0810	»	0,0891
0,28	0,0784	»	0,0840	»	0,0896	0,0952
0,30	0,0900	»	0,0960	0,0990	0,1020	0,1080
0,32	0,1024	0,1056	0,1088	»	0,1152	0,1216
0,33	0,1089	0,1122	»	0,1188	»	0,1287
0,34	0,1156	»	0,1224	»	0,1292	0,1360
0,36	0,1296	»	0,1368	0,1404	0,1440	0,1512
0,38	0,1444	0,1482	0,1520	»	0,1596	0,1672
0,39	0,1521	0,1560	»	0,1638	»	0,1755
0,40	0,1600	»	0,1680	»	0,1760	0,1840
0,42	0,1764	»	0,1848	0,1890	0,1932	0,2016
0,44	0,1936	0,1980	0,2024	»	0,2112	0,2200
0,45	0,2025	0,2070	»	0,2160	»	0,2295
0,46	0,2116	»	0,2208	»	0,2300	0,2392
0,48	0,2304	»	0,2400	0,2448	0,2496	0,2592
0,50	0,2500	0,2550	0,2600	»	0,2700	0,2800

1re dimension d'équarrissage.	NOMBRE DE CENTIMÈTRES EN SUS POUR LA 2e DIMENSION.					
	0	1	2	3	4	6
0,51	0,2601	0,2652		0,2754		0,2907
0,52	0,2704		0,2808		0,2912	0,3016
0,54	0,2916		0,3024	0,3078	0,3132	0,3240
0,56	0,3136	0,3192	0,3248		0,3360	0,3472
0,57	0,3249	0,3306		0,3420		0,3591
0,58	0,3364		0,3480		0,3596	0,3712
0,60	0,3600		0,3720	0,3780	0,3840	0,3960
0,62	0,3844	0,3906	0,3968		0,4092	0,4216
0,63	0,3969	0,4032		0,4158		0,4347
0,64	0,4096		0,4224		0,4352	0,4480
0,66	0,4356		0,4488	0,4554	0,4620	0,4752
0,68	0,4624	0,4692	0,4760		0,4896	0,5032
0,69	0,4761	0,4830		0,4968		0,5175
0,70	0,4900		0,5040		0,5180	0,5320
0,72	0,5184		0,5328	0,5400	0,5472	0,5616
0,74	0,5476	0,5550	0,5624		0,5772	0,5920
0,75	0,5625	0,5700		0,5850		0,6075
0,76	0,5776		0,5928		0,6080	0,6232
0,78	0,6084		0,6240	0,6318	0,6396	0,6552
0,80	0,6400	0,6480	0,6560		0,6720	0,6880

CHAPITRE II

Cubage des bois sur pied.

Quand les arbres sont sur pied on ne peut mesurer directement que la partie de la tige voisine du sol et jusqu'à 1^m,50 de hauteur environ. Mais, nous savons que pour déterminer le volume cylindrique il faut nécessairement connaître la grosseur moyenne de la tige et sa hauteur. Aussi les méthodes de cubage des bois sur pied ont-elles toutes pour objet principal la détermination des deux éléments du volume, grosseur moyenne et hauteur de la tige, par des procédés spéciaux, plus ou moins exacts suivant leur complication et l'habileté de l'estimateur.

Nous allons par conséquent passer en revue les méthodes employées pour mesurer les hauteurs et les grosseurs (diamètres ou circonférences).

§ Ier. — *Mesure des hauteurs.*

L'approximation qu'il suffit d'atteindre dans l'appréciation des hauteurs ne saurait jamais dépasser un décimètre ; le plus souvent on se contente d'une approximation beaucoup moins grande. On sait en effet que la hauteur, dans la formule du volume cylindrique, n'entre qu'à la première puissance et affecte beaucoup moins le résultat que le diamètre ou la circonférence, qui y entre au carré.

A l'aide d'instruments de topographie on pourrait sans difficulté, sinon avec une suffisante rapidité, déterminer la hauteur d'une tige ; et on l'obtiendrait avec une exactitude bien supérieure à celle que nous avons indiquée plus haut. Mais la complication de cette opération serait trop grande ; en matière de cubage, il faut pouvoir obtenir une hauteur en moins de quelques minutes, si l'on doit opérer sur une grande quantité de pieds d'arbres comme c'est le cas ordinaire.

Il y a deux méthodes principales pour mesurer les hauteurs des arbres en forêt : celle où l'on emploie des instruments spéciaux appelés *dendromètre* et celle beaucoup moins exacte mais, souvent suffisante, dite *à vue d'œil.*

Mesure des hauteurs au dendromètre.

On appelle dendromètre, tout instrument permettant de mesurer rapidement la hauteur des arbres ; il en existe un très-grand nombre, nous ne décrirons que les plus simples et les plus employés.

Planchette dendrométrique. — Cet instrument est composé d'une planchette rectangulaire, en général de 10 centimètres sur 20, munie sur le côté A B (fig. 7) de pinnules destinées à diriger l'arête A B de la planchette dans la direction du point dont on veut mesurer la hauteur, un fil à plomb est suspendu au point A, enfin sur une des faces de la planchette et de C en D sont tracées des divisions marquant des centimètres et des millimètres ; sur l'autre face est fixé un anneau ou une poignée permettant de maintenir l'instrument en station de la main droite. Lorsque l'instrument est placé dans la direction voulue (fig. 7), le fil à plomb détermine sur la plan-

chette avec les deux côtés A C, C D, un triangle semblable
au triangle L M B, dans lequel la distance M B de l'obser-
vateur à l'arbre est l'homologue du côté A C, et la hauteur cherchée L M est l'homologue du côté C I, on a donc :

$$\frac{L\,M}{C\,I} = \frac{M\,B}{A\,C} \quad \text{d'où} \quad L\,M = C\,I \times \frac{M\,B}{A\,C}$$

Ainsi, la hauteur M L est égale à la quantité C I lue sur
la planchette, multipliée par le rapport de la distance M B
de l'arbre à l'estimateur, au côté A C de la planchette.

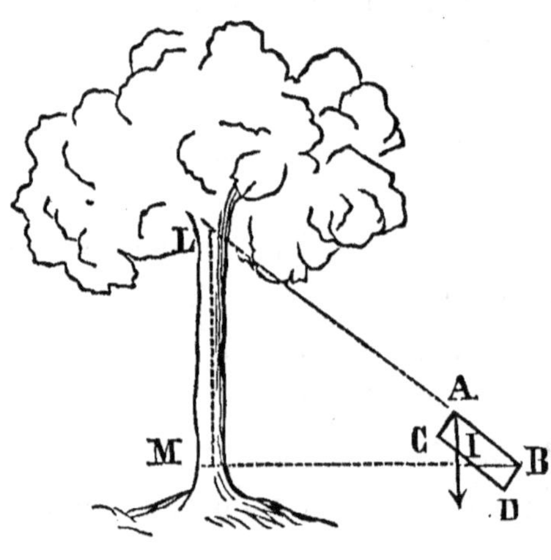

Fig. 7.

Ce dernier rapport sera constant si l'on se place toujours
à la même distance des arbres à mesurer ; de plus, le
nombre de centimètres et millimètres lu sur le côté C D,
sera le même que le nombre de mètres et de décimètres
compris dans la hauteur mesurée, si le rapport $\dfrac{M\,B}{A\,C}$ est
égal à 100, comme cela arrive, par exemple, quand

$MB = 10$ mètres et $AC = 0,1$, ou bien $MB = 9$ mètres et $AC = 0,09$, etc.

Pour avoir la hauteur totale de la tige, il faut encore ajouter à ML la partie comprise entre l'horizontale MB et le pied même de l'arbre; quand le terrain sera horizontal, la hauteur partielle à ajouter sera égale à la hauteur du point B au-dessus du sol, mais dans le cas où le terrain sera déclive, la quantité à ajouter pourra être plus grande ou plus petite que la hauteur de B au-dessus du sol. Il faut alors déterminer directement sur l'arbre la hauteur à ajouter, en se servant de la planchette comme d'un niveau à perpendicule; ou bien la mesurer par un procédé identique à celui employé pour la partie ML. Pour cela on modifie les dispositions de la planchette décrite plus haut; on recule le point de suspension du fil à plomb du côté du point B, et la ligne KO (fig. 8) détermine sur CD l'origine d'une graduation dans le sens de OD et d'une seconde graduation dans le sens de OC. L'écart du fil à plomb à gauche du repère O indique la hauteur MN à ajouter.

La longueur du côté AC étant constante, il s'en suit que pour avoir le rapport commode, $\dfrac{MB}{AC} = 100$, il faut toujours se mettre en station à la même distance des arbres, en opérant comme nous venons de le dire. Mais cette condition n'est pas toujours réalisable en forêt, il faut donc connaître les moyens d'obvier le plus simplement possible à la défectuosité des lieux.

Supposons que la planchette que nous avons décrite ait le côté AC égal à un décimètre, pour que les centimètres et millimètres de la graduation OD correspondent à des mètres et des décimètres de hauteur, il faut qu'on soit placé à 10 mètres de l'arbre. Admettons que

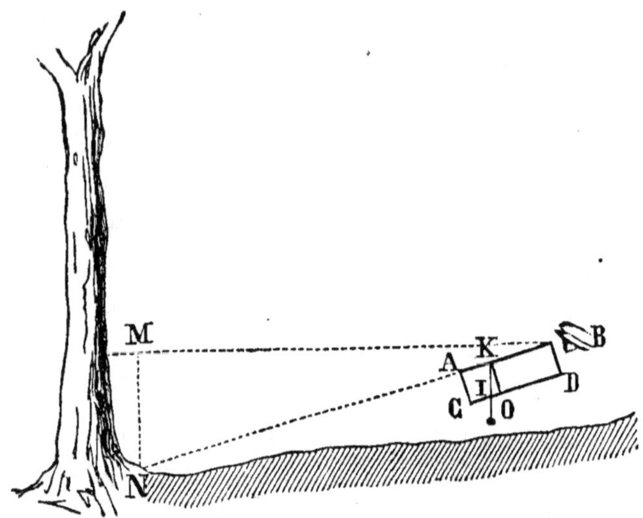

Fig. 8.

l'observation faite dans ces conditions donne (fig. 9) un écart du fil à plomb égal à O I; à une autre distance

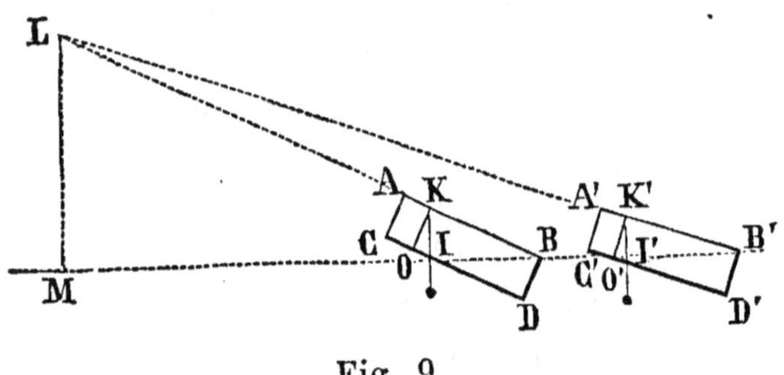

Fig. 9.

quelconque égale à M B′, par exemple, cet écart serait O′ I′, par conséquent on aurait dans le premier cas :

$$ML = OI \times \frac{MB}{AC};$$

Dans le second cas :

$$M\,L = O'\,I' \times \frac{M\,B'}{A'\,C'},$$

d'où l'on tire :

$$O\,I \times \frac{M\,B}{A\,C} = O'\,I' \times \frac{M\,B'}{A'\,C'};$$

mais comme $A'\,C' = A\,C$, il vient :

$$O\,I = O'\,I' \times \frac{M\,B'}{M\,B}.$$

On a, par hypothèse $M\,B = 10$ mètres, en sorte que si $M\,B' = 15$ mètres, $O'\,I'$ ayant été trouvé de 6 centimètres, on aura :

$$O\,I = 0,06 \times 1,50 = 0,09, \quad \text{d'où} \quad M\,L = 9 \text{ mètres.}$$

Quelque simples que soient ces calculs, on pourra encore se les épargner à l'aide d'une modification légère de la planchette. Nous avons vu que le rapport $\frac{M\,B}{A\,C}$ égal à 100 ne change pas quand on fait varier les deux termes de ce rapport dans les mêmes proportions ; si donc on divise $A\,C = 0,1$ en 10 parties égales et que par les points de division on trace des parallèles à $C\,D$, chacune de ces parallèles étant divisée comme la première, on pourra avoir directement la hauteur à une distance de 9 mètres ou 8 mètres, etc., de l'arbre, en lisant sur la parallèle 9 ou 8 etc., l'écart du fil à plomb. C'est d'après ce principe que sont construites les planchettes à carreaux. La fig. 10 représente une planchette réduite au quart de sa grandeur.

Les hauteurs obtenues par les procédés précédents sont les distances verticales des sommets observés au-dessus du pied de l'arbre. Mais il peut arriver que cer-

tains arbres soient assez inclinés pour que les hauteurs
ainsi obtenues soient entachées d'erreurs non négligeables. Dans ce cas, il faut faire subir une correction à
la hauteur verticale trouvée par la méthode ordinaire
comme nous allons l'expliquer : Soit $LN = H$ cette hau-

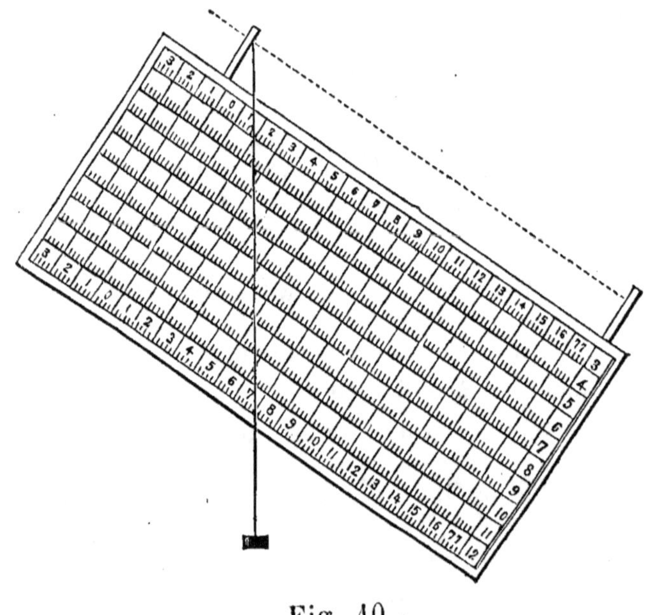

Fig. 10

teur verticale ; en appliquant sur le corps de l'arbre
(fig. 11) le côté A C du dendromètre, le fil à plomb déterminera un triangle K O I semblable au triangle LMN ;
en effet, O K est l'homologue de LN qui est la longueur
cherchée, on aura donc :

$$\frac{LM}{H} = \frac{KI}{KO} \qquad \text{d'où} \qquad LM = H \times \frac{KI}{KO}.$$

KO est connu et égal généralement à $0^m,10$, on pourra
déterminer K I à l'aide d'un double décimètre de poche ;

par conséquent, le rapport par lequel il faut multiplier H pour avoir L M étant connu, L M sera déterminé.

Soient, comme exemple, H $= 12$ mètres, K O $= 0^m,10$, K I $= 0^m,11$, on aura :

$$LM = 12 \times 1,10 = 13^m,20.$$

Il pourrait arriver que le pied de l'arbre fût inaccessible, la distance de l'arbre au point d'observation ne pouvant être déterminée directement, il faudrait opérer de la manière suivante :

On fait une première observation à une distance indéterminée M B $= d$ (fig. 7), on lit sur la planchette, comme si cette distance était de 10 mètres, l'écart du fil à plomb, soit i cet écart ; on fait une deuxième observation à une distance M B′, telle que M B′ — M B ou $d' - d' = m$ une longueur connue, on note l'écart i' du fil à plomb comme dans la première observation, c'est-à-dire en supposant toujours l'observation faite à 10 mètres. Nous avons démontré précédemment que l'on a :

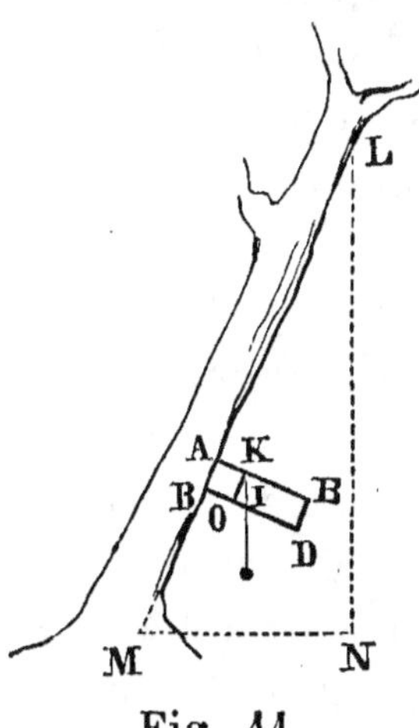

Fig. 11.

$$i : i' :: d' : d$$

or :

$$i' : i - i' :: d : d' - d$$

d'où :

$$d = \frac{i\,(d' - d)}{i - i'}.$$

Soient, comme exemple, $i = 0^m,07$ $i' = 0^m,04$ et $d' - d = 6$ mètres, on aura :

$$d = \frac{0,07 \times 6}{0,03} = 14 \text{ mètres.}$$

Remarquons que si la différence $d' - d$ était égale à la moitié de d, l'écart i', serait moitié de l'écart i; il résulte de là qu'on éviterait de calculer la proportion précédente en cherchant pour la deuxième observation le point de station où l'écart serait la moitié de celui de la première observation; généralement on y arrivera après quelques tâtonnements rapides.

La planchette dont la figure 10 représente le dessin n'est applicable qu'aux arbres dont la hauteur ne dépasse pas 17 mètres, du moins quand on désire l'approximation que comporte cet instrument pour les arbres de moins de 17 mètres. Toutefois, en se contentant d'une approximation moins grande, on peut obtenir les hauteurs de 17 à 34 mètres, mais alors il faut doubler les distances. Ainsi, en se plaçant à 20 mèt., un arbre de 30 mètres donnera, sur l'échelle cotée 10 de la planchette, 0,15; il faudra donc doubler l'écart accusé par le fil à plomb dans ce cas, pour déduire, suivant la règle ordinaire, la hauteur.

Dendromètre de Regneault. — Ce dendromètre, plus portatif et pouvant servir à toutes les distances et à la mesure de très-grandes hauteurs, n'est qu'une extension de la planchette; sa théorie est exactement la même. La règle **C D**, engagée de toute son épaisseur dans la règle **A C**, peut glisser perpendiculairement à cette dernière et être fixée à un point quelconque de sa longueur au moyen d'une vis de pression **V** (fig. 12); cette disposition permet de régler l'instrument suivant la distance à laquelle on se trouve de l'arbre. Une des difficultés pratiques de l'emploi de la planchette est de maintenir, quand on opère seul, le fil à plomb sur la division qu'il

traverse jusqu'au moment où on en fait la lecture. Avec
le dendromètre Regneault, on échappe à cet inconvénient

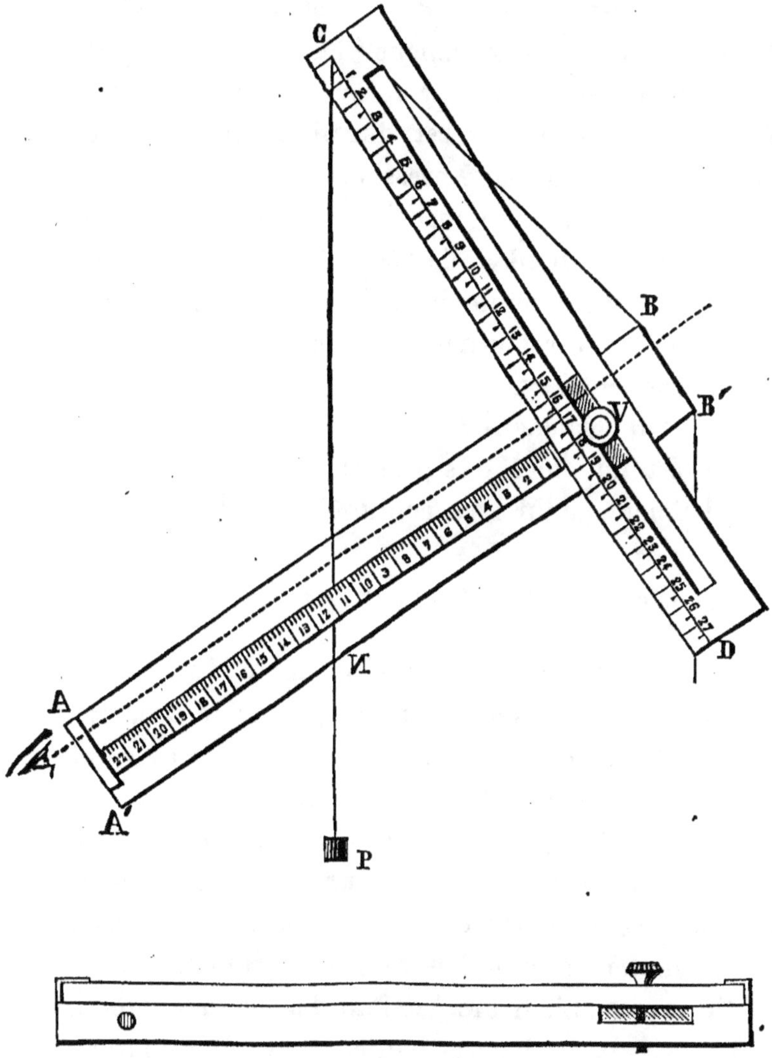

Fig. 12.

d'une manière très-simple; le fil, à son point de suspension, est engagé dans un petit trou et repassé dans une

rainure C, il se prolonge suffisamment pour pouvoir être maintenu par une légère pression du doigt sur la face BB″ de l'instrument; dans le voisinage du poids P, le fil a un nœud qu'on amène, en le tirant légèrement pendant l'observation, à raser le bord de la règle A′B′ lorsque l'instrument est dans la position voulue; puis, maintenant par une pression du doigt en BB′ le fil, on abaisse et l'on retourne l'instrument en ramenant le nœud au bord de la règle A′B′, ce qui permet de lire avec toute facilité la division interceptée. Les plongées se font en retournant l'instrument qui est muni d'un oculaire vers B′.

La règle CD dégagée de la rainure et replacée sur la règle AB est un objet très-portatif, de 25 à 30 centimètres de longueur sur 4 à 5 centimètres de largeur.

Mesure des hauteurs à vue d'œil.

Quelque rapide que soit le maniement du dendromètre, il serait impossible, dans la plupart des opérations forestières, de mesurer tous les arbres avec cet instrument, parce qu'il faudrait y consacrer un temps trop considérable. Aussi doit-on s'habituer à estimer à simple vue les hauteurs. Les hauteurs mesurées au dendromètre servent de terme de comparaison; en outre, on vérifie de temps en temps avec l'instrument, les appréciations à vue. D'ailleurs, à défaut d'instrument précis, on peut arriver à évaluer les hauteurs, avec une approximation suffisante, quand on se contente d'une exactitude à moins d'un mètre, par le procédé suivant : on marque sur la tige une hauteur de 2, 3 ou 4 mètres à l'aide d'une

perche (fig. 13); puis on se poste à une certaine distance
de l'arbre, on place devant ses yeux et verticalement un
crayon, par exemple, qu'on éloigne ou qu'on rapproche
jusqu'à ce que les rayons visuels passant au-dessus et
au-dessous du crayon aboutissent exactement aux deux
extrémités de la partie du tronc dont la hauteur est

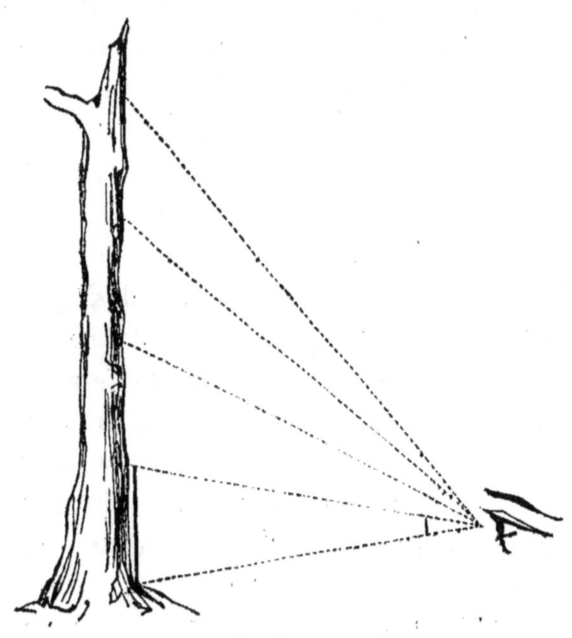

Fig. 13.

marquée ; on élève ensuite le crayon dans la même verticale, de façon à lui faire intercepter une hauteur égale
à la première et immédiatement au-dessus, et ainsi de
suite, jusqu'au sommet; le nombre de portées multiplié
par la hauteur de la perche appliquée contre l'arbre,
donne la hauteur totale de la tige. Lorsque les arbres
sont très-hauts, il y a à tenir compte dans une certaine

mesure de ce que les angles visuels diminuent pour une même longueur de tige, à mesure que les portées s'élèvent; dans ce cas, on amoindrira l'erreur en s'éloignant le plus possible de l'arbre.

§ II. — *Mesures des diamètres à 1ᵐ,50 du sol.*

On détermine la grosseur des arbres, soit en en mesurant le tour, soit en en prenant le diamètre. Nous avons indiqué dans le chapitre précédent les motifs pour lesquels nous accordons la préférence aux diamètres.

On peut avoir la prétention d'estimer le volume réel de tout un matériel sur pied, comme on peut simplement se contenter de rechercher, par le cubage cylindrique, le volume d'arbres dont on désire estimer la valeur en argent. Dans le premier cas, les procédés qu'on emploie peuvent servir à résoudre le second; mais la réciproque n'est pas vraie. Toutefois, il faut toujours commencer par mesurer la grosseur de l'arbre à hauteur d'homme, à l'aide d'un ruban divisé s'il s'agit de la circonférence, à l'aide d'un compas forestier, s'il s'agit du diamètre.

Le compas forestier se compose d'une grande règle A A' (fig. 14) d'un mètre environ de longueur et divisée en centimètres; d'une règle B plus petite, longue de 50 à 60 centimètres, fixée perpendiculairement à l'extrémité de la première, enfin d'une troisième règle B' égale et parallèle à la seconde, mais glissant à frottement doux sur la grande règle. On s'en sert de la manière suivante : on élève la règle A A' horizontalement, on engage le tronc de l'arbre à mesurer dans l'intervalle compris entre les deux règles B B′, suffisamment écartées, de façon que l'instrument soit dans un plan perpendiculaire à l'axe de l'arbre, on rapproche la règle B′ jusqu'à ce qu'il y ait contact du tronc avec les trois règles : alors la division où la règle B′ s'est arrêtée sur la grande règle indique le diamètre de l'arbre. Toutefois, pour avoir la grosseur exacte de la tige par cette méthode il faut mesurer deux diamètres, l'un dans le sens de la plus forte épaisseur, l'autre de la plus faible, et prendre la moyenne des deux lectures. La hauteur au-dessus du sol à laquelle la

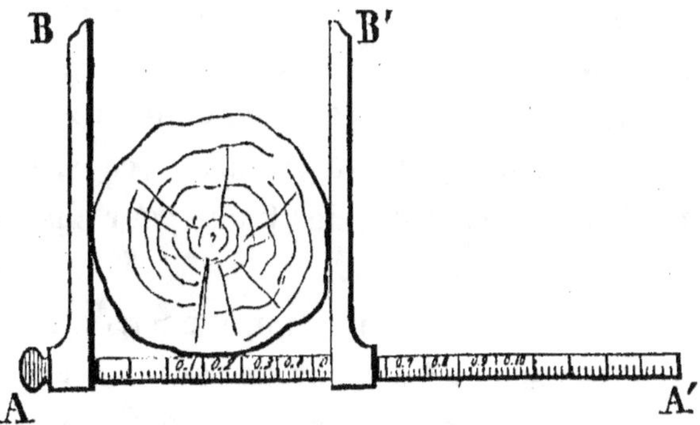

Fig. 14.

mesure du diamètre doit être prise avec le compas, varie de 1^m,30 à 1^m,50 ; il faut avoir soin de placer le compas au-dessus des renflements que présentent toujours les arbres dans la partie de la tige voisine des racines.

§ III. — *Détermination de volumes types.*

Ainsi, les données que l'on peut avoir sur l'arbre debout se réduisent, si l'on veut ne pas s'écarter des procédés réellement pratiques, à deux : *la hauteur*

mesurée au dendromètre ou à vue, et *le diamètre* à
1ᵐ,50 environ du sol, mesuré au compas forestier. Ces
données sont insuffisantes, à la vérité, pour calculer
directement le volume de l'arbre, mais elles permettent
de classer les arbres en catégories de grosseur et de hauteur ; et l'on conçoit que si pour chacune de ces catégories on connaissait le volume moyen des arbres qui en
font partie, il suffirait de relever ces catégories et de
leur appliquer à chacune le volume moyen correspondant ; en sorte que le volume total des arbres de chaque
catégorie serait donné par une simple multiplication
du volume moyen par le nombre des arbres.

Tels sont, en effet, les procédés généraux du cubage
des bois sur pied ; toute la difficulté consiste dans la
détermination de ces volumes types pour chaque classe
d'arbres.

On voit déjà, par ce que nous venons d'en dire, que
ce cubage ne permet d'obtenir de résultats exacts, c'est-
à-dire sensiblement approchés, que quand on opère sur
un nombre d'arbres assez considérable, mais qu'on ne
saurait attribuer à chaque arbre considéré isolément le
volume moyen de la catégorie à laquelle il appartient ;
ce volume serait nécessairement tantôt trop fort, tantôt
trop faible, mais rarement exact. Ce n'est là, en réalité,
qu'un fort léger inconvénient, attendu qu'on n'opère
jamais sur les arbres sur pied qu'en bloc, soit qu'il
s'agisse de les vendre, soit qu'il s'agisse d'estimer la
valeur du matériel d'une forêt.

Les catégories ou *classes* d'arbres comprennent chacune tous les arbres de *même essence*, ne différant entre
eux que de moins de 5 centimètres de diamètre, ou de

10 centimètres de circonférence et dont les hauteurs diffèrent de moins d'un mètre ou de deux mètres ; dans bien des cas, même, on n'admet qu'une hauteur moyenne pour les arbres d'une même classe de diamètres, ce qui réduit les classes d'arbres au nombre des classes de diamètres.

Pour calculer le volume type de chaque classe d'arbres, il y a diverses méthodes ; nous en décrirons trois principales :

1° Celle consistant dans la recherche des coefficients d'expérience servant à passer du *volume conique* au *volume réel* ;

2° Méthode dite des *diamètres réduits* ;

3° Méthode des *diamètres moyens* par la décroissance des tiges.

Nous considérons la première de ces méthodes comme plus spécialement applicable aux futaies de bois résineux ; la seconde, aux futaies de bois feuillus ; la troisième, enfin, aux arbres de réserve des taillis.

1° *Méthode des volumes coniques.*

On convient de désigner par volume conique le volume géométrique du cône ayant pour diamètre de base le diamètre de l'arbre mesuré à hauteur d'appui, et pour hauteur la hauteur totale de la tige ; nous savons que le volume réel, d'autre part, ne peut s'obtenir que sur des arbres abattus en leur appliquant la formule simplifiée :

$$V_r = \frac{1}{4}\,\pi\,h\,(d^2 + d'^2 + d''^2 + \ldots).$$

Il faut donc, sur une dizaine au moins d'arbres de chaque catégorie, abattus dans les exploitations ou que l'on fait abattre (1) comme arbres d'expérience, déterminer le volume réel, ainsi que nous venons de le dire. Chaque expérience permettra d'établir entre le volume réel $= V_r$ et le volume conique $= V_c$ un rapport numérique :

$$\frac{V_r}{V_c} = f' \qquad \text{d'où} \qquad V_r = f' V_c ;$$

en prenant la moyenne arithmétique entre les différents rapports obtenus sur les arbres d'une même classe, on aura le coefficient f par lequel il suffira de multiplier le volume conique de la classe correspondante pour en avoir le volume réel moyen ou *volume type*. Rien ne sera plus facile alors que de déterminer les volumes types de chaque classe pour en construire un tarif de la forme de celui que nous donnons ci-après et qui est extrait d'un travail de M. l'inspecteur des forêts Vivier, à la suite d'un nombre considérable d'expériences dans les forêts de l'Alsace.

Ce premier coefficient f ne donne que le volume de la tige ; quant au volume du houppier, c'est-à-dire de l'ensemble des branches, rameaux et ramilles qui composent la cime de l'arbre, on le détermine par d'autres

____

(1) Cette mesure, de faire abattre des arbres pour arriver à des coefficients d'expérience, ne peut être adoptée, on le conçoit, que dans les grandes forêts et lorsqu'il s'agit d'une vaste opération de cubage de matériel, comme, par exemple, en nécessitent presque toujours les *aménagements* de forêts de futaie.

coefficients d'expérience spéciaux qu'on obtient en comptant le nombre de stères que produisent ces branches façonnées comme bois de feu, ainsi que le nombre de fagots qui proviennent du bois impropre à l'empilage, et cela pour chaque classe d'arbres; ainsi, en appelant f le rapport du volume réel de la tige à son volume conique, pour la classe des arbres de $0^m,60$ de diamètre et 20 mètres de hauteur totale; par n, le nombre moyen de stères de bois de feu par arbre de cette classe, et n' le nombre moyen de fagots; le volume total de l'arbre type serait de :

$V_{co} \times f$ mètres cubes en grume;

n, stères de chauffage;

n', fagots ou bourrées.

On désire quelquefois exprimer par une unité de même nature le volume total des arbres, tiges, et branches; dans ce cas, il faut chercher le rapport du stère et du cent de fagots au mètre cube plein. Nous avons indiqué précédemment les procédés par lesquels on y arrive : soient m et m' ces deux nouveaux rapports, le volume total de l'arbre type pris pour exemple, serait en mètres cubes pleins, égal à :

$$V_{co}\, f + n\, m + n'\, m'.$$

Spécimen de cubage d'un arbre d'expérience.
(Sapin de 120 ans).

Type de la classe de $0^m,55$ de diamètre et 26 mètres de hauteur, diamètre réel à $1^m,50 = 0^m,55$, hauteur totale de la tige $= 26^m,30$.

Cubage de la tige par la formule $\dfrac{\pi}{4} h\, (d^2 + d'^2 + \ldots)$;

Dans laquelle $h = 2$;

$$
\begin{array}{ll}
d = 0,55 & V = \overset{\text{m. c.}}{0,476} \\
0,51 & 0,408 \\
0,48 & 0,362 \\
0,47 & 0,346 \\
0,46 & 0,332 \\
0,40 & 0,252 \\
0,38 & 0,226 \\
0,34 & 0,182 \\
0,33 & 0,172 \\
0,24 & 0,090
\end{array}
\Bigg\} = 2^{\text{mc}},940.
$$

Cône terminal :

$$d = 0,24 \; h = 6,30 = 0,094$$

$$
\begin{aligned}
\text{Volume conique} \dots\dots\dots\dots &= 2,083 \\
\text{Volume réel} \dots\dots\dots\dots\dots &= 2,940 \\
\frac{2,940}{2,083} = f \dots\dots\dots\dots &= 1,411
\end{aligned}
$$

Le houppier fournit :

$$
\begin{aligned}
\text{Bois empilé} \dots\dots\dots\dots &\quad 0^{\text{st}},14 = n \\
\text{Fagots} \dots\dots\dots\dots\dots &\quad 3 \quad\; = n'
\end{aligned}
$$

Le volume réel de la tige comprend, dans le calcul ci-dessus, outre le bois d'œuvre, une certaine quantité de bois n'ayant pas les dimensions suffisantes pour être classée dans cette catégorie de produits et dont on ne peut faire que du bois de feu. Si l'on suppose, par exemple, qu'au-dessous de 40 centimètres de grosseur la tige doit être convertie en bois de chauffage, on aura d'une part, pour volume du bois d'œuvre, $2^{\text{mc}},176$, et pour bois de feu 0^{mc},764, et le rapport $\dfrac{0,764}{2,940} = f' = 0,26$ exprimera la proportion du bois de feu compris dans la tige, de même que le rapport $\dfrac{2,176}{2,940} = f'' = 0,74$ exprimera la proportion du bois d'œuvre compris dans la tige.

En somme, l'arbre se décomposera à l'aide de ces facteurs ainsi qu'il suit :

Volume conique $\times$ 1,411 = 2,940, dont les 0,74 en bois d'œuvre. . . . . 2^{mc},176

Le surplus 0,764, empilé en bois de feu, donne 0,764 $\times$ 1,40 (1) = ... 1st,07 $\Big\}$ = 1st,21

Le houppier donnait. . . . . 0 ,14 $\Big)$

Fagots. 3

Cet exemple suffit pour faire voir comment on arrivera à déterminer les différents facteurs $f, f' f'' n n'$... pour chacune des classes d'arbres.

Ces résultats sont utiles à connaître pour fixer, par exemple, la possibilité d'une futaie, c'est-à-dire la quantité dont la forêt s'accroît moyennement chaque année, ou bien pour faire des études comparatives de la puissance de végétation dans différentes forêts et selon les diverses essences, etc.

En général les résineux, notamment les sapins et les épicéas, ont relativement au volume de la tige, un houppier de très-faible importance, et dans tous les cas, de fort peu de valeur vénale; d'un autre côté, la tige de

---

(1) On admet ici, qu'on a, après expérience, constaté que le coefficient d'empilage à adopter était 1,40.

ces espèces d'arbres se rapproche plus du cône que du cylindre, en sorte que les coefficients de conversion se trouvent presque toujours compris entre 1 et 1,60.

2° *Méthode des diamètres réduits.*

Nous désignons par *diamètre réduit*, le diamètre du cylindre de même hauteur que l'arbre type de chaque classe et ayant même volume que l'ensemble de la tige et des branches principales propres au bois d'œuvre.

Pour mieux faire comprendre cette méthode, prenons par exemple 10 arbres d'expérience, choisis convenablement et dans la classe de 0^m,55 de diamètre à 1^m,50 du sol ; ces arbres qui sont de l'essence chêne, ont par conséquent leur diamètre à cette hauteur de 1^m,50, mesuré exactement au compas, compris entre 0,525 et et 0^m,575. Ces arbres abattus et cubés au volume réel suivant la formule $\frac{\pi}{4} h (d^2 + d'^2 + \dots)$ ont donné les résultats consignés dans le tableau de la page suivante :

Considérons maintenant un arbre de la classe de 0^m,55 de diamètre, ayant pour hauteur la moyenne des hauteurs de la colonne (2) ou 19^m,53, son volume étant également la moyenne des volumes des 10 arbres d'expérience, on aura :

$$0^{mc},15694 \times 19,53 = 3^{mc},965 ;$$

le diamètre réduit sera donné par l'expression :

$$d = \sqrt{\frac{4 \times 3,965}{\pi \times 19,53}} = 0^m,445 ;$$

ou plus simplement, au moyen de la table I, en cher-

NUMÉROS des arbres.	HAUTEURS totales.	VOLUME réel.	VOLUME pour 1 mètre de hauteur.	OBSERVATIONS.
(1)	(2)	(3)	(4)	
	m.	m. c.	m. c.	
1	22	3,277	0,14895	(3) Le volume réel comprend celui de la tige et celui des branches propres à la charpente et à l'industrie.
2	18	3,012	0,16733	
3	22	2,984	0,13564	
4	19,5	2,831	0,14518	(4) Les résultats de cette colonne s'obtiennent en divisant ceux de la 3e par ceux de la 2e.
5	22	3,894	0,17700	
6	18	2,965	0,16472	
7	18	2,589	0,14383	
8	19,8	2,986	0,15081	
9	16	2,549	0,15931	
10	20	3,532	0,17660	
	195,3		1,56937	

chant dans la colonne des volumes le nombre le plus rapproché de 0,15694, on trouverait 0,155528, et pour diamètre correspondant 0,445.

D'ailleurs, nous savons par expérience, que les arbres de même diamètre à la base, mais de longueurs inégales, ont des diamètres moyens différents. Sans doute, la loi naturelle suivant laquelle décroit ce diamètre moyen n'est pas mathématique; toutefois, on ne commet pas une très-grande erreur en admettant qu'elle le soit.

Si donc, pour une hauteur égale à 19^m,53 le diamètre réduit est égal au diamètre de la classe 0^m,55 diminué de 0,105, tout arbre de la même classe aura un diamètre réduit égal 0,55 diminué d'une quantité proportionnelle à la hauteur.

Soient, d'une manière générale, D le diamètre de la classe, d le diamètre réduit de l'arbre type de la classe ayant pour hauteur L; pour une hauteur égale à L' on aura, en appelant d' le diamètre réduit correspondant à la hauteur de L' :

$$\frac{D - d'}{D - d} = \frac{L'}{L} \quad \text{d'où} \quad d' = D - \frac{L'\,(D - d)}{L}.$$

On obtiendrait donc, dans l'exemple précédent, en faisant L' $= 14$ mètres :

$$d' = 0^m,550 - 14\,\frac{0,105}{19,53} = 0,474,$$

ce qui donne pour volume correspondant. .   2^{mc},470
on trouverait de même pour des hauteurs de :

16.	2 ,705
18.	2 ,901
20.	3 ,069
22.	3 ,224
24.	3 ,341

En opérant sur les autres classes de diamètres comme nous venons de le faire pour la classe de 0,55, on obtiendrait dans chacune de ces classes des volumes types pour chaque classe de hauteur, ce qui fournirait tous les éléments nécessaires à la construction d'un tarif établi d'une manière analogue à celui de la page 85.

En ce qui concerne le bois du houppier (bois de feu et fagots), les explications que nous avons données en décrivant la méthode des volumes coniques s'appliquent de tous points dans la deuxième méthode dite des *diamètres réduits*.

Le succès des deux premières méthodes et de celle qui nous reste à exposer dépend du choix judicieux des arbres d'expérience. Pour chaque classe de diamètres, il faut que les hauteurs qui y sont représentées s'y trouvent dans la même proportion que dans la forêt où l'on opère. Avant de se livrer à des expériences, il faut donc faire des comptages d'arbres assez considérables en les classant par catégorie de diamètres et de hauteurs.

Si pour la classe de diamètre D on avait trouvé :

n arbres de 14 mètres de hauteur ;
n' —   de 16   —   —
n'' —   de 18   —   —

Les arbres d'expérience devraient être choisis dans les conditions suivantes, en admettant qu'on en prenne 20 :

1° Pour les arbres de 14 mètres, $x = \dfrac{n \times 20}{n + n' + n''}$;

2° Pour les arbres de 16 mètres, $x' = \dfrac{n' \times 20}{n + n' + n''}$;

3° Pour les arbres de 18 mètres, $x'' = \dfrac{n'' \times 20}{n + n' + n''}$.

En supposant $n = 200$ $n' = 150$ $n'' = 90$, on aurait :

$x = 9$ arbres de 14 mètres ;
$x' = 7$ —   de 16   —
$x'' = 4$ —   de 18   —

La même observation s'applique aux diamètres réels des arbres. Comme on compte les diamètres mesurés à hauteur d'homme, de 5 en 5 centimètres, la même classe de diamètres comprendra des arbres dont le diamètre différera en plus ou en moins du diamètre type de 0 à $0^m,025$; pour la catégorie $D = 0,55$, les arbres qui y seront compris pourront se répartir ainsi qu'il suit :

$$m \quad \text{arbres de } 0,53.$$
$$m' \quad - \quad \text{de } 0,54$$
$$m'' \quad - \quad \text{de } 0,55$$
$$m''' \quad - \quad \text{de } 0,56$$
$$m'''' \quad - \quad \text{de } 0,57$$

Il faudra donc que dans les 20 arbres d'expérience à choisir on observe autant que possible cette proportion qu'on obtiendra au moyen des formules :

$$y = \frac{m \times 20}{m + m' + m'' + \ldots} ;$$
$$y' = \frac{m' \times 20}{m + m' + m'' + \ldots} .$$

3° *Méthode des diamètres moyens.*

Par les deux premières méthodes ou obtient le volume réel des arbres en bloc. Elles conviennent, par conséquent, plus spécialement à la détermination de la possibilité par volume, celle qui consiste à préciser l'importance des coupes annuelles, sous la condition d'un revenu toujours à peu près le même, par le volume des arbres à exploiter chaque année.

Mais le volume réel, c'est-à-dire celui qu'on obtient

par l'application de la formule $V = \dfrac{\pi}{4} h (d^2 + d'^2 + \ldots)$ diffère sensiblement de celui qu'on obtient par les modes de cubage employés dans le commerce.

Pour évaluer le volume d'un arbre, d'après le cubage en grume, au quart sans déduction, au cinquième ou au sixième déduit, il faut connaître, indépendamment de sa hauteur, la grosseur moyenne de la tige.

La marche générale, pour arriver à connaître le diamètre moyen des arbres sur pied, consiste à mesurer sur un grand nombre d'arbres abattus le diamètre |moyen de la tige et à en déduire un rapport moyen entre le diamètre à 1ᵐ,50 de la culée et le diamètre au milieu.

On peut admettre, sans commettre d'erreurs trop grossières, principalement pour les arbres de futaie sur taillis qui ne diffèrent pas beaucoup de hauteur entre eux, que tous les arbres d'une même classe de diamètres ont même diamètre moyen, lequel peut être déterminé, par conséquent, par un même coefficient. On peut même généraliser davantage et appliquer à tous les diamètres mesurés à 1ᵐ,50 du sol, la même réduction proportionnelle pour obtenir le diamètre moyen correspondant. Ainsi, il arrive souvent qu'on se contente de diminuer d'un dixième le diamètre ou la circonférence, mesurés à 1ᵐ,50 du sol, pour trouver la grosseur moyenne correspondante; cette réduction, en réalité, est trop faible pour les arbres d'un fort diamètre et d'une grande hauteur, trop forte, au contraire, pour les arbres de petites dimensions.

Aussi l'administration des constructions navales pense-t-elle, guidée en cela par les résultats de très-nombreuses expériences, que cette proportion doit varier en raison directe des hauteurs; ainsi, d'après l'instruction publiée par le ministère de la marine, pour les bois de marine, on admet que la diminution à faire subir à la grosseur de l'arbre à 1ᵐ,50 du sol, pour obtenir la grosseur au milieu, est de :

$\dfrac{1}{15}$ pour les hauteurs au-dessous de 6 mètres ;

$\dfrac{1}{12}$ pour les hauteurs comprises entre 6 et 8 mètres inclusivement ;

$\dfrac{1}{10}$ pour les hauteurs comprises entre 9 et 10 mètres inclusivement ;

$\dfrac{1}{8}$ pour les hauteurs comprises entre 11 et 13 mètres inclusivement ;

$\dfrac{1}{6}$ pour les hauteurs comprises entre 14 et 16 mètres inclusivement.

La table VII donne le volume cylindrique des arbres sur pied en appliquant au diamètre mesuré à 1ᵐ,50 du sol les réductions proportionnelles aux chiffres précédents, en sorte que les arbres ayant moins de 6 mètres de hauteur ont leur diamètre moyen égal aux 0,9333 du diamètre au pied.

Ceux ayant de 6 à 8 mètres de hauteur ont leur diamètre moyen égal aux 0,9167 du diamètre au pied.

Ceux ayant de 8 à 10 mètres de hauteur ont leur diamètre moyen égal aux 0,9000 du diamètre au pied.

Ceux ayant de 10 à 13 mètres de hauteur ont leur diamètre moyen égal aux 0,8750 du diamètre au pied.

Ceux ayant de 13 à 16 mètres de hauteur ont leur diamètre moyen égal aux 0,8333 du diamètre au pied.

Quant au volume du houppier, il s'obtient par les mêmes procédés que ceux décrits dans la méthode des volumes coniques.

Des expériences nombreuses faites à ce sujet, on peut déduire les certains coefficients et adopter comme expressions du rapport du volume de la tige cubée comme bois d'œuvre à celui du houppier cubé comme bois de chauffage empilé. Ces coefficients varient de 1,60 à 1, suivant que les arbres sont plus ou moins branchus. Un arbre dont la tige cuberait 3 mètres cubes fournirait donc par sa cime et ses branches de 3 à 5 stères de chauffage.

Les tables que nous donnons à la suite de ce chapitre permettront de calculer assez approximativement, dans tous les cas qui peuvent se présenter, le volume des arbres sur pied.

TABLE V.

TARIF DE CUBAGE DONNANT LE VOLUME RÉEL DES TIGES DE SAPINS DONT ON CONNAIT LE DIAMÈTRE MESURÉ A 1^m,50 AU-DESSUS DU SOL ET LA HAUTEUR TOTALE.

HAUTEURS totales.	DIAMÈTRES A 1m,50 AU-DESSUS DU SOL.							
	0,20	0,25	0,30	0,35	0,40	0,45	0,50	0,55
	m.c. d.c.	m.c. d.c.	m.c. d.c.	m.c. d.c.	m.c. d.c.	m.c. d.c.	m.c. d.c.	m.c. d.c.
15	0,257	0,395	0,560	0,751	0,962	»	»	»
16	0,270	0,414	0,588	0,779	1,006	»	»	»
17	0,285	0,440	0,622	0,820	1,053	1,308	1.586	»
18	0,308	0,470	0,659	0,874	1,123	1,381	1,669	»
19	0,329	0,501	0,704	0,933	1,193	1,453	1,772	»
20	0,349	0,531	0,743	0,986	1,254	1,547	1,865	2,199
21	0,367	0,556	0,782	1,033	1,323	1,626	1,965	2,299
22	»	0,583	0,816	1,078	1,380	1,700	2,055	2,415
23	»	0,613	0,863	1,138	1,452	1,785	2,148	2,541
24	»	0,643	0,909	1,192	1,522	1,870	2,254	2,664
25	»	0,668	0,942	1,246	1,588	1,956	2,358	2,791
26	»	»	0,981	1,297	1,650	2,046	2,470	2,898
27	»	»	1,015	1,344	1,722	2,126	2,575	3,033
28	»	»	1,045	1,391	1,786	2,204	2,673	3,157
29	»	»	1,081	1,440	1,856	2,284	2,772	3,273
30	»	»	1,113	1.486	1,909	2,372	2,867	3,385
31	»	»	»	1,530	1,962	2,437	2,958	3,496
32	»	»	»	1,578	2,030	2,512	3,052	3,611
33	»	»	»	1.635	2,104	2,599	3,155	3,729
34	»	»	»	1,685	2,161	2,681	3,246	3,847
35	»	»	»	1,745	2,238	2,765	3,347	3,957

TABLE V *(suite)*.

HAUTEURS totales.	DIAMÈTRES A 1m,50 AU-DESSUS DU SOL					OBSERVATIONS.
	0,60	0,65	0,70	0,75	0,80	
	m.c. d.c.	m.c. d.c.	m.c. d.c.	m.c. d.c.	m.c. d.c.	
15	»	»	»	»	»	Les volumes donnés
16	»	»	»	»	»	dans ce tarif sont ceux
17	»	»	»	»	»	de la tige entière ; pour
18	»	»	»	»	»	avoir le volume de la
19	»	»	»	»	»	partie propre à la char-
20	2,558	»	»	»	»	pente ou à l'industrie,
21	2,679	»	»	»	»	il faudra multiplier le
22	2,800	»	»	»	»	volume total par un
23	2,947	»	»	»	»	coefficient d'expérience
24	3,089	»	»	»	»	qu'on déterminera di-
25	3,237	3,710	4,195	»	»	rectement et dont
26	3,374	3,875	4,384	»	»	l'importance dépendra
27	3,545	4,050	4,612	»	»	naturellement de la
28	3,685	4,199	4,806	»	»	grosseur minima qu'on
29	3,823	4,380	4,992	»	»	attribuera au bois
30	3,958	4,547	5,188	5,805	6,484	d'œuvre.
31	4,101	4,691	5,344	5,997	6,691	
32	4,238	4,869	5,544	6,226	6,946	
33	4,354	4,998	5,692	6,397	7,128	
34	4,487	5,159	5,869	6,578	7,362	
35	4,636	5,304	6,017	6,776	7,539	

TABLE VI.

TARIF DE CUBAGE DONNANT LE VOLUME REEL DES TIGES DE **chêne et hêtre de futaie** DONT ON CONNAIT LE DIAMÈTRE A $1^m,50$ AU-DESSUS DU SOL ET LA HAUTEUR PROPRE AUX BOIS D'ŒUVRE.

DIAMÈTRE. CIRCONF. Hauteurs.	0,20 0,63	0,25 0,78	0,30 0,94	0,35 1,10	0,40 1,26	0,45 1,41	0,50 1,57	0,55 1,73
	m. c. d. c.	m. c. d. c.	m. c. d. c.	m. c. d. c.	m. c. d. c.	m. c. d. c.	m. c. d. c.	m. c. d. c.
7	0,194	0,306	0,443	0,613	0,802	0,998	1,246	1,509
8	0,215	0,341	0,493	0,684	0,893	1,108	1,388	1,679
9	0,234	0,371	0,538	0,751	0,983	1,211	1,522	1,846
10	0,252	0,398	0,581	0,814	1,064	1,307	1,647	1,995
11	0,268	0,426	0,620	0,874	1,145	1,396	1,765	2,142
12	0,282	0,448	0,657	0,929	1,215	1,478	1,875	2,272
13	0,295	0,472	0,690	0,981	1,287	1,553	1,977	2,402
14	0,307	0,489	0,721	1,030	1,347	1,621	2,074	2,512
15	0,317	0,510	0,748	1,074	1,410	1,683	2,158	2,625
16	0,326	0,523	0,773	1,116	1,461	1,739	2,238	2,717
17	0,333	0,539	0,795	1,154	1,516	1,799	2,311	2,813
18	0,340	0,549	0,814	1,189	1,558	1,832	2,376	2,888
19	0,345	0,562	0,831	1,221	1,605	1,870	2,436	2,968
20	0,349	0,567	0,845	1,249	1,639	1,902	2,488	3,027
21	»	»	»	1,275	1,678	1,929	2,534	3,092
22	»	»	»	1,297	1,704	1,951	2,574	3,136
23	»	»	»	1,317	1,736	1,967	2,608	3,186
24	»	»	»	1,334	1,753	1,979	2,637	3,215
25	»	»	»	1,348	1,779	1,985	2,659	3,252

TABLE VI *(suite)*.

TARIF DE CUBAGE DONNANT LE VOLUME REEL DES TIGES DE **chêne et hêtre de futaie** DONT ON CONNAIT LA GROSSEUR A 1^m,50 AU-DESSUS DU SOL ET LA HAUTEUR PROPRE AUX BOIS D'ŒUVRE.

DIAMÈTRE. CIRCONF.	0,60 1,88	0,65 2,04	0,70 2,20	0,75 2,36	0,80 2,51	0,85 2,67	0,90 2,83	0,95 2,98	1,00 3,14	1,10 3,46
Hauteurs.	m. c. d. c.	m. c. d. c.	m. c. d. c.	m. c. d. c.	m. c. d. c.	m. c. d. c.	m. c. d. c.	m. c. d. c.	m. c. d. c.	m. c. d. c.
7	1,811	2,100	2,453	2,803	3,142	3,571	3,991	4,473	4,940	5,999
8	2,020	2,338	2,737	3,123	3,487	3,971	4,433	4,977	5,493	6,666
9	2,225	2,562	3,005	3,424	3,808	4,345	4,846	5,449	6,009	7,297
10	2,410	2,771	3,257	3,707	4,105	4,693	5,230	5,890	6,490	7,885
11	2,594	2,967	3,495	3,971	4,380	5,016	5,585	6,301	6,936	8,605
12	2,758	3,149	3,717	4,218	4,631	5,315	5,912	6,682	7,348	8,941
13	2,922	3,317	3,925	4,448	4,861	5,591	6,212	7,034	7,728	9,410
14	3,065	3,473	4,118	4,660	5,069	5,842	6,485	7,357	8,076	9,840
15	3,210	3,616	4,298	4,856	5,257	6,073	6,733	7,653	8,392	10,233
16	3,333	3,746	4,484	5,035	5,424	6,281	6,956	7,922	8,678	10,590
17	3,459	3,865	4,616	5,199	5,572	6,468	7,154	8,165	8,934	10,911
18	3,563	3,971	4,756	5,347	5,700	6,633	7,339	8,382	9,161	11,198
19	3,671	4,066	4,882	5,480	5,810	6,779	7,480	8,574	9,360	11,461
20	3,756	4,150	4,997	5,598	5,903	6,905	7,609	8,742	9,532	11,672
21	3,848	4,223	5,099	5,702	5,977	7,011	7,716	8,886	9,678	11,860
22	3,915	4,285	5,189	5,793	6,035	7,099	7,803	9,007	9,797	12,018
23	3,990	4,337	5,268	5,869	6,077	7,170	7,869	9,106	9,892	12,146
24	4,041	4,379	5,335	5,932	6,103	7,222	7,915	9,184	9,963	12,245
25	4,101	4,411	5,391	5,987	6,113	7,258	7,942	9,240	10,010	12,316

TABLE VII.

TARIF DE CUBAGE DONNANT LE VOLUME RÉEL DES TIGES
DES ARBRES DE **futaie sur taillis** DONT ON CONNAIT LE DIAMÈTRE A $1^m,50$ AU-DESSUS DU SOL
ET LA HAUTEUR DE LA PARTIE PROPRE A LA CHARPENTE OU A L'INDUSTRIE.

DIAMÈTRE. CIRCONF. Hauteurs.	0,10 0,31	0,15 0,47	0,20 0,63	0,25 0,78	0,30 0,94	0,35 1,10	0,40 1,26	0,45 1,41	0,50 1,57	0,55 1,73
	m. d.	m. d.	m. d.	m. d.	m. d.	m. d.	m. d.	m. d.	m. d.	m. d.
4	0,027	0,062	0,110	0,170	0,246	0,336	0,437	0,554	0,685	0,827
5	0,034	0,077	0,137	0,213	0,308	0,420	0,546	0,693	0,856	1,033
6	0,040	0,088	0,158	0,247	0,356	0,486	0,635	0,800	0,988	1,197
7	0,046	0,103	0,184	0,288	0,416	0,566	0,740	0,933	1,153	1,396
8	0,051	0,114	0,204	0,318	0,458	0,623	0,814	1,031	1,272	1,539
9	0,057	0,129	0,229	0,358	0,515	0,701	0,916	1,159	1,431	1,732
10	»	»	0,240	0,377	0,539	0,735	0,962	1,219	1,500	1,817
11	»	»	0,265	0,414	0,593	0,809	1,058	1,341	1,650	1,999
12	»	»	0,289	0,452	0,622	0,848	1,154	1,463	1,800	2,180
13	»	»	»	»	0,674	0,919	1,201	1,521	1,870	2,265
14	»	»	»	»	0,726	1,000	1,294	1,638	2,014	2,439
15	»	»	»	»	0,778	1,070	1,386	1,755	2,158	2,613
16	»	»	»	»	»	»	1,393	1,767	2,186	2,636
17	»	»	»	»	»	»	1,481	1,878	2,322	2,801
18	»	»	»	»	»	»	1,568	1,988	2,459	2,965

TABLE VII *(suite)*.

DIAMÈTRE. CIRCONF.	0,60 1,80	0,65 2,04	0,70 2,20	0,75 2,26	0,80 2,51	0,85 2,67	0,90 2,83	0,95 2,98	1,00 3,14	1,10 3,46
Hauteurs.										
	m. d.	m. d.	m. d.	m. d.	m. d.	m. d.	m. d.	m. d.	m. d.	m. d.
4	0,985	1,157	1,340	1,543	1,753	1,976	2,217	2,472	2,735	3,315
5	1,231	1,447	1,674	1,929	2,191	2,469	2,771	3,090	3,418	4,142
6	1,425	1,674	1,948	2,224	2,532	2,860	3,207	3,575	3,962	4,788
7	1,663	1,953	2,273	2,595	2,954	3,343	3,742	4,171	4,623	5,586
8	1,832	2,150	2,494	2,779	3,257	3,677	4,122	4,593	5,089	6,158
9	2,061	2,419	2,805	3,126	3,664	4,137	4,638	5,167	5,725	6,928
10	2,165	2,543	2,942	3,380	3,848	4,347	4,864	5,424	6,013	7,278
11	2,381	2,797	3,236	3,718	4,233	4,782	5,351	5,966	6,614	8,006
12	2,598	3,051	3,530	4,056	4,618	5,217	5,837	6,508	6,922	8,734
13	2,697	3,168	3,676	4,221	4,805	5,411	6,069	6,765	7,499	9,079
14	2,905	3,411	3,958	4,546	5,174	5,827	6,536	7,286	8,076	9,778
15	3,112	3,655	4,241	4,871	5,544	6,244	7,003	7,806	8,652	10,476
16	3,142	3,691	4,271	4,912	5,590	6,299	7,069	7,882	8,722	10,567
17	3,338	3,922	4,538	5,219	5,940	6,693	7,510	8,375	9,267	11,227
18	3,534	4,153	4,805	5,526	6,289	7,087	7,952	8,868	9,812	11,888

TABLE VIII.

TARIF DONNANT LE PRODUIT DES BRANCHES ET DU HOUPPIER DES ARBRES SUR PIED DE TAILLIS SOUS FUTAIE.

DIAMÈTRE à 1m,50 au-dessus du sol.	CIRCONFÉRENCE à 1m,50 au-dessus du sol.	NOMBRE DE STÈRES POUR LES ARBRES.				NOMBRE de fagots.	OBSERVATIONS (1).
		Très-branchus. 1	Moyennement branchus. 2	Médiocrement branchus. 3	Peu branchus. 4	8	
		st. c.	st. c.	st. c.	st. c.		
0,10	0,31	0,08	0,06	0,05	0,04	½	
0,15	0,47	0,16	0,12	0,10	0,07	1	
0,20	0,63	0,32	0,26	0,20	0,15	1 à 2	
0,25	0,78	0,51	0,42	0,32	0,24	2 à 3	
0,30	0,94	0,80	0,65	0,50	0,37	3 à 4	
0,35	1,10	1,12	0,91	0,70	0,52	4 à 5	
0,40	1,26	1,60	1,30	1,00	0,75	5 à 6	
0,45	1,41	1,92	1,56	1,20	0,90	6 à 7	
0,50	1,57	2,40	1,95	1,50	1,12	7 à 8	
0,55	1,73	3,04	2,47	1,90	1,42	8 à 9	
0,60	1,88	3,81	3,09	2,38	1,78	10 à 12	
0,65	2,04	4,48	3,64	2,80	2,10	12 à 15	
0,70	2,20	5,18	4,21	3,24	2,40	15 à 18	
0,75	2,36	5,92	4,81	3,70	2,77	18 à 20	
0,80	2,54	6,72	5,46	4,20	3,36	20 à 22	
0,85	2,67	7,65	6,28	4,78	3,82	22 à 25	
0,90	2,83	8,56	6,95	5,35	4,28	25 à 28	
0,95	2,96	9,52	7,73	5,95	4,76	28 à 30	
1,00	3,14	10,56	8,58	6,60	5,28	30 à 35	

(1) Pour les arbres de futaie pleine et d'essences feuillues, on comptera par mètre cube de la tige en grume (partie propre à la charpente ou à l'industrie) :

Pour les arbres très-branchus . . . . . . 1st,50 à 1st,75
Pour les arbres moyennement branchus. 1 25 à 1 50
Pour les arbres peu branchus . . . . . . 1 à 1 . 25

CHAPITRE III.

Estimation des bois sur pied.

Les estimations forestières ont généralement pour objet de déterminer la valeur vénale d'un massif de bois sur pied, d'une étendue plus ou moins grande; soit qu'il s'agisse de fixer la valeur d'une coupe à vendre, soit qu'on se propose d'estimer la valeur superficielle d'une forêt.

Le cas le plus général, le plus fréquent, et qui comprend tous les autres est celui d'une coupe à vendre sur pied. Une coupe à vendre ne renferme jamais que des bois exploitables, mais comme l'âge auquel un bois peut être exploité varie beaucoup, une même coupe peut présenter des arbres d'âges très-différents; c'est ce qui a lieu particulièrement pour les coupes de taillis sous futaie; le taillis est composé de brins venus sur souches ou produits de graines et ayant même âge à peu près, sinon mêmes dimensions; et la futaie, au contraire, d'arbres âgés de 50 à 180 ans. Il faudra donc en premier lieu distinguer le taillis de la futaie, parce que le premier donne des produits différents de ceux fournis par les arbres de futaie, et que, d'ailleurs, on procède différemment à leur estimation. Pour estimer en argent ces deux éléments d'une coupe, il faut nécessairement évaluer le matériel qu'ils renferment, puis répartir ce matériel dans les diverses catégories de marchandises ayant cours dans la localité.

L'estimation en argent d'une coupe comprend donc :

1° L'estimation en matière du taillis et de la futaie séparément;

2° La répartition du volume trouvé dans les diverses catégories de marchandises;

3° L'application des prix.

§ Ier. — *Estimation en matière.*

1° *Futaie.* — L'estimation en matière de la futaie consiste à mesurer ou à faire mesurer la grosseur de chaque arbre à 1^m,50 environ au-dessus du sol et à en évaluer la hauteur comme nous l'avons dit au chapitre précédent, et à indiquer ces dimensions par classes d'essence, de diamètre et de hauteur, dans un carnet auquel on donne la disposition spéciale suivante, en vue de faciliter et de rendre plus rapide le dénombrement par classe d'arbres.

On prend note des dimensions de chaque arbre par un point sur la ligne et dans la colonne correspondant au diamètre et à la hauteur de l'arbre; afin d'éviter toute confusion, ce qui est très-important attendu que chaque point représente une certaine valeur, on donne toujours aux points la disposition qu'ils ont dans le spécimen du carnet que nous reproduisons dans la page qui suit, en sorte que :

signifie 1 2 3 4 5 6 7 8 9 10

les huit points et les deux barres en croix forment une dizaine; dès lors il est très-facile de compter le nombre d'arbres compris dans chaque colonne, sans en omettre.

DÉNOMBREMENT DES ARBRES A VENDRE.

DIAMÈTRES moyens à 1m,50 du sol.	CHÊNES — MÈTRES DE HAUTEUR.											HÊTRES — MÈTRES DE HAUTEUR.					
	6	7	8	9	10	11	12	13	14	15	16	6	7	8	9	10	11
0m,20	⦂	⦂·											⊠·				
0 ,25		⦂											⦂⦂				
0 ,30			⦂	⊠	⦂		⦂	·		⦂	·		⦂	⦂			
0 ,35		⦂·	⊠	⦂⦂	⦂·								·	⦂			
0 ,40		⦂	⦂⦂	⦂·	⦂		⦂		·		·						

On relève ensuite les données du carnet et l'on calcule le volume des arbres au moyen d'un table analogue à l'une de celles du chapitre précédent; ayant supposé que nous opérions dans un taillis sous futaie, nous pourrons utiliser la table VII.

Ayant reconnu, en outre, que les arbres étaient moyennement branchus, nous déterminerons le volume des houppiers et des branches à l'aide des résultats de la colonne (2) de la table VIII, laquelle donnera également le nombre de fagots ou bourrées à provenir de ces arbres. On pourra disposer les calculs comme il suit dans le tableau de la page 94.

On opérera de même pour les hêtres et autres essences s'il y en a.

2° *Taillis*. — Les taillis se composent de brins de toutes grosseurs, depuis 2 ou 3 centimètres de diamètre au pied, jusqu'à 20 ou 25 centimètres, et quelquefois plus quand le taillis est vieux et a végété avec vigueur. Le nombre des brins est généralement en raison inverse de leur grosseur, et en les supposant distants en moyenne de 2 mètres les uns des autres, on n'en devrait pas compter moins de 2,500 par hectare; les cuber chacun d'après les procédés employés pour les arbres de futaie, serait une opération impraticable par sa longueur. On doit donc estimer les taillis *à vue d'œil*. L'expérience seule peut enseigner à estimer le matériel d'un taillis sur pied; on y arrive, en faisant, par exemple, vérifier chaque année, après l'exploitation, la quantité de stères et de fagots ou bourrées, fournie par la coupe qu'on a estimée sur pied l'année précédente; en se rappelant la consistance des peuplements vérifiés, en la

CHÊNES.							
CLASSES		NOMBRE D'ARBRES		VOLUME RÉEL en grume.		VOLUME du houppier.	
de diamètre.	de hauteur.	par classe de hauteur.	par classe de diamètre.	partiels.	par classe de diamètre.	Stères.	Fagots.
m. c.	m.			m. d.	m. d.		
0,20	6 7	2 5	7	0,316 0,920	1,236	1,82	10
0,25	7	4	4	2,016	2,016	1,62	10
0,30	8 9 10 11 12 14 15	8 9 4 2 1 2 1	27	3,664 4,635 2,456 1,186 0,622 1,452 0,778	14,493	17,55	94
0,35	7 8 9 10	6 12 8 5	31	3,396 7,476 5,608 3,675	20,155	28,21	160
0,40	7 8 9 10 12 16	2 7 5 3 2 1	20	1,480 5,698 4,580 2,886 2,308 1,395	18,347	66	110
Totaux . . .		89	89	56,247	56,247	75,20	380

comparant à celle des peuplements à estimer. Ce n'est qu'ainsi qu'on parvient à acquérir une certaine habileté dans ces estimations.

Voici comment on opère : On divise la coupe en bandes de 15 à 20 mètres de largeur, par de minces filets parallèles au côté le plus long de la coupe ; en même temps

que l'on parcourt chaque bande dans toute sa largeur
et toute sa longueur pour opérer le dénombrement des
arbres de futaie s'il s'en trouve, on examine attentive-
ment le taillis, sa composition, les essences qui y domi-
nent, la grosseur et la hauteur des brins, la quantité
qu'on en peut compter en moyenne sur un are, l'état
de la végétation, la quantité de cépées, etc. Les bandes
ainsi ménagées dans la coupe, en vue de son estimation,
s'appellent des *virées*. A la fin de chaque virée, on inscrit
sur le carnet les résultats de l'examen détaillé du taillis
et l'on y indique le nombre de stères et de bourrées
qu'il pourra fournir. On procède de la même manière
pour la virée suivante et ainsi de suite jusqu'à la dernière.

Généralement on évalue le taillis à raison du nombre
de stères et de bourrées ou fagots qu'il peut produire
par hectare. On disposera les virées de manière qu'on en
puisse apprécier facilement l'étendue approximativement,
on cherchera à les établir autant que possible d'égales
contenances. L'estimation de chaque virée étant faite à
l'hectare, il suffira de multiplier les chiffres obtenus par
la contenance de la virée pour connaître le matériel qui
s'y trouve compris ; puis d'ajouter les produits partiels
de chaque virée pour avoir le produit total de la coupe.

Il faut avoir soin de défalquer de la surface totale de
la coupe, pour en avoir seulement la surface productive
les routes, chemins, clairières et places vides.

A défaut d'une suffisante habitude des estimations de
taillis à vue d'œil, on peut s'aider, pour l'évaluation du
matériel, des chiffres d'expérience inscrits dans le tableau
suivant, déduits de coefficients proposés par M. Noirot-

Bonnet, et pour l'emploi duquel il suffira de se rendre compte aussi approximativement que possible du nombre des tiges, de leur grosseur et de leur hauteur moyennes.

CIRCONFÉ-RENCES moyennes des tiges.	NOMBRE DE TIGES NÉCESSAIRES POUR FAIRE UN STÈRE, la hauteur moyenne étant de :							
	4	5	6	7	8	9	10	11
0, 20	50	40	34	29	25	23	»	»
0, 21	47	38	31	27	24	21	»	»
0, 22	43	35	29	25	22	19	»	»
0, 23	40	32	27	23	20	18	»	»
0, 24	37	30	25	21	19	17	»	»
0, 25	34	28	23	20	17	16	»	»
0, 26	32	26	22	19	16	15	13	11
0, 27	30	24	20	17	15	14	12	11
0, 28	28	23	19	16	14	13	12	10
0, 29	26	21	18	15	13	12	11	10
0, 30	25	20	17	14	13	11	10	9

Quant aux fagots on peut en déterminer le nombre d'après la quantité de stères et admettre qu'il y en aura de 8 à 15 par stère, suivant que le taillis sera plus ou moins jeune et plus ou moins fourré.

§ II. — *Des diverses catégories de marchandises que peut produire une coupe de bois.*

Les bois ne sont amenés sur les places de commerce qu'après avoir subi une certaine façon, et ce n'est que sous la forme qu'on leur donne ainsi que les prix à leur appliquer s'établissent. Généralement les marchandises pour lesquelles de fortes dimensions sont requises, sont celles qui atteignent les plus hauts prix ; la qualité du bois, en

outre, la régularité des formes contribuent également à
donner aux produits une plus grande valeur. L'exploitant doit naturellement chercher à convertir ses produits
en marchandises offrant les meilleurs prix de vente ; on
doit donc supposer, quand on estime une coupe, que les
bois recevront la destination la plus profitable, et c'est
dans ces conditions qu'on doit établir ses calculs. Pour y
arriver, il faut connaître les diverses catégories de marchandises demandées dans le commerce, les dimensions
que doivent avoir les arbres qui peuvent les fournir, la
quantité de bois correspondant à chaque unité de marchandise, les frais de façon exigés, et les frais de transport jusqu'au lieu où s'établissent les cours commerciaux.
Ce sont là autant de points que nous devons examiner
avec soin, tout en étant aussi bref que possible.

Les diverses catégories de marchandises ayant cours
sont les suivantes :

*Bois de charpente de toute espèce. — Perches et étais de
mines. — Poteaux télégraphiques.*
Bois de sciage. — Traverses de chemins de fer.
Bois de fente. — Merrains, échalas, lattes.
Bois de feu. — Charbonnette. — Ecorces de chêne.

I. — BOIS DE CHARPENTE.

Les bois de charpente sont généralement fournis par
le chêne et les résineux (sapin, épicéa et pin). Les charpentes varient de prix suivant leurs dimensions et leurs
qualités.

A Paris, on classe les charpentes de chêne comme il
suit :

R. F.

Chêne ordinaire, équarrissages de 0,10×0,10 à 0,30×0,30
Petit arrimage   —   0,30×0,33 à 0,36×0,36
Moyen   —   —   0,36×0,39 à 0,48×0,51 ·
Gros   —   —   0,51×0,51 et au-dessus.

En province, on se contente souvent de deux catégories, savoir :

Grosse charpente de 1ᵐ,30 de tour au milieu et au-dessus.
Petite   —   au-dessous.

Les charpentes de sapin et d'épicéa se classent de la manière suivante, à Paris :

Sapin ordinaire, équarrissages. . . . . 0,18 à 0,27
Poutrelles   —   . . . . 0,27 à 0,36
Gros bois   —   . . . . 0,36 à 0,60

Dans les Vosges :

Chevrons : 5 mètres de longueur sur 0,20 à 0,25 de diamètre à la base.
Petite charpente ou pannes simples : 12 mètres de longueur sur 0ᵐ,30 à 0ᵐ,35 de diamètre à la base.
Moyenne charpente ou pannes doubles : 12 mètres de longueur sur 0,40.
Grosses charpentes : équarrissages, 0,30 à 0,34 et au-dessus.

Dans le Jura :

Petits bois. . . . . . 0ᵐ,50 à 0,20 de diamètre à la base.
Bois moyen . . . . . 0ᵐ,55 à 0,65   —   —
Gros bois . . . . . . 0,70 et au-dessus. —   —

On trouvera dans le tableau suivant les dimensions des arbres pouvant donner les charpentes des diverses catégories qui précèdent.

GROSSEUR DE L'ARBRE A 1m,50 DU SOL.		DÉNOMINATION des pièces de charpente.	DIMENSIONS MINIMA au milieu des pièces.	OBSERVATIONS.
Diamètre.	Circonférence.			
Charpente chêne. — Place de Paris.				
0,15 à 0,40	0,50 à 1,40	Chênes ordinaires..	0,10 × 0,10 à 0,30 × 0,30	Les longueurs sont comprises entre 2 et 10 mètres, et 4 et 12 mètres.
0,45 et 0,50	1,50 à 1,60	Petit arrimage . . .	0,30 × 0,33 à 0,36 × 0,36	
0,55 à 0,70	1,70 à 2,20	Moyen — . . .	0,36 × 0,39 à 0,48 × 0,51	
0,75 et au-dessus.	2,30 et au-dessus.	Gros — . . .	0,51 et au-dessus,	
Charpente chêne. — Places diverses.				
0,15 à 0,45	0,50 à 1,50	Petite charpente . .		Plus de 6 mètres de longueur.
0,50 et au-dessus.	1,60 et au-dessus.	Grosse — . .	0,33 × 0,33	
Charpente sapin. — Place de Paris.				
0,25 à 0,45	0,90 à 1,35	Sapins ordinaires. .	0,18 × 0,18 à 0,27 × 0,27	15 à 20 mètres.
0,45 a 0,60	1,40 à 1,80	Poutrelles.	0,27 × 0,30 à 0,36 × 0,36	15 à 28 —
0,60 et au-dessus.	1,90 et au-dessus.	Gros bois.	0,36 × 0,39 à 0,60 × 0,60	15 à 30 —
Charpente sapin. — Des Vosges.				
0,20 à 0,25	0,60 à 0,80	Chevrons		Au moins 5 mètres de longueur.
0,30 à 0,35	0,95 à 1,10	Petite charpente. .		— 12 — —
0,40	1,30	Moyenne — . .		— 12 — —
0,50 et au-dessus.	1,60 et au-dessus.	Grosse — . .	Éq. : 0,30 à 0,34	Toutes longueurs depuis 2 mètres.
Charpente sapin. — Du Jura.				
0,20 à 0,50	0,60 à 1,60	Petits bois.		De toutes longueurs.
0,55 à 0,65	1,70 à 2,10	Bois moyens.		— —
0,70 et au-dessus.	2,20 et au-dessus.	Gros bois		— —

II. — ÉTAIS, PERCHES DE MINES, POTEAUX TÉLÉGRAPHIQUES.

On emploie une grande quantité de bois dans les mines pour consolider les galeries et les terres. Ces bois se vendent sous forme de perches de toutes longueurs, ou d'étais de 1^m,90 à 2^m,20. On se contente pour cet usage de bois de très-médiocre qualité, et on les emploie en grume.

Les grosseurs les plus recherchées sont de 0^m,40 à 0^m,75 de tour pour les étais, et de 0^m,15 à 0^m,65 pour les perches.

Les bois qui servent communément à alimenter les lignes télégraphiques sont le pin et le sapin, à l'exclusion des pins Laricio et du Lord. Avant leur emploi, on les fait injecter au sulfate de cuivre par le procédé du docteur Boucherie ; et dans ces nouvelles conditions, ils peuvent avoir une durée de près de vingt ans.

On emploie en France des poteaux télégraphiques de grandeurs et de grosseurs différentes. Voici les dimensions arrêtées par l'Administration.

Poteau de 12^m de hauteur, diamètre sans écorce :	à 1^m de la base. . . .		0^m,26
	au petit bout.		0 10
Poteau de 10^m de hauteur, diamètre sans écorce :	à 1^m de la base. . . .		0 22
	au petit bout.		0 10
Poteau de 8^m de hauteur, diamètre sans écorce :	à 1^m de la base. . . .		0 18
	au petit bout.		0 10
Poteau de 6^m,50 de hauteur, diamètre sans écorce :	à 1^m de la base.	$4/5$.	0 14
		$1/5$.	0 17
	au petit bout. .	$4/5$.	0 09
		$1/5$.	0 12

III. — SCIAGES.

Les essences dont on fait généralement des sciages sont le chêne, le sapin, l'épicéa, les peupliers; puis le hêtre, le charme, l'orme.

Les sciages de chêne se vendant couramment à Paris sont les suivants :

Entrevoux : épaisseur 0^m,027 largeur 0,24					
Échantillon	—	0 034	—	0,24	
—	—	0 041	—	0,21	et au moins
Doublette	—	0 054	—	0,32	2 mètres
Gros battant	—	0 110	—	0,32	de longueur.
Petit battant	—	0 078	—	0,24	
Membrure	—	0 078	—	0,16	
Chevron	—	0 08	—	0,08	

On convient généralement d'adopter l'*entrevoux* ou l'*échantillon* comme unités auxquelles on rapporte les autres sciages; ainsi :

Le gros battant vaut 4 échantillons ou 6 entrevoux.					
Le petit battant	—	2	—	3	—
La doublette	—	2	—	3	—
La membrure	—	1	—	»	—
Le chevron	—	»	—	1	—

Il faut remarquer que ces rapports ne sont pas exactement proportionnels aux volumes respectifs; le volume du gros battant, par exemple, pour 2 mètres de longueur, est de 0^{mc},070, celui de six entrevoux serait de 0,078; la membrure donne 0^{mc},025 et l'échantillon n'a que 0,017. Aussi la membrure est-elle toujours cotée plus cher que l'échantillon, et dans un lot où le prix est réglé d'après l'échantillon, on exige au moins 10 % de membrures et de doublettes.

Les sciages de chêne ne doivent présenter aucune partie d'aubier. Les quantités fournies après débit varient suivant les qualités et surtout les dimensions des arbres; le débit est toujours plus avantageux avec les gros arbres.

Selon M. Nanquette, il faut en moyenne 1 mètre cube au 5ᵉ *déduit* pour 100 mètres linéaires d'*échantillons*, y compris un tiers ou un quart de *rebuts* (1), ce qui revient à 2 mètres cubes *en grume*.

La largeur des pièces de sciages étaut en moyenne de 0ᵐ,24, on ne pourra débiter les pièces composant un lot d'échantillons que dans les billes en grume ayant au moins 35 à 45 centimètres de diamètre; toutefois, on pourra convertir en petits sciages (0,08 × 0,08) des billes moins grosses, mais ayant au moins 20 centimètres de diamètre.

Les sciages de hêtre sont très-variés. Les principaux types en ont été arrêtés par une convention approuvée par décision ministérielle de 1835, en ce qui concerne les produits de la forêt de Villers-Cotterets, comme il suit :

Entrevoux ou feuillet : largeur 0ᵐ,216 à 0ᵐ,243, épaisseur : 0ᵐ,033 à 0ᵐ.031 — Section transversale 0mq,0073

Membrure : largeur variable, épaisseur : 0 ,163 à 0 ,110 / 0 ,180 à 0 ,100 / 0 ,200 à 0 ,080 — Section transversale 0,0154 à 0,0175

---

(1) On appelle rebuts les pièces qui n'ont pas les dimensions admises, qui présentent des nœuds, des fentes ou quelque autre cause de dépréciation.

Doublette : largeur 0^m,330, épaisseur :	0^m,075 à 0^m,081	Section transversale 0,0254 à 0,0277
Quartelot : longueur 0,236, largeur :	0^m,056	Section transversale 0,0123 à 0,0139

Ces planches se vendent comme celles de chêne, au cent de toises ou 200 mètres linéaires.

Dans la composition des lots, la membrure et le quartelot comptent chacun pour 1, la doublette pour 2, l'entrevoux pour $^2/_3$.

On débite comme sciages également des madriers, des étaux servant à faire des dessus d'établis, de tables de boucher, etc.

La plus grande partie de bois de sapin et d'épicéa sont convertis en sciages, notamment dans les forêts des Vosges et du Jura.

Dans les Vosges, on donne généralement aux planches une même épaisseur de 0^m,027 ou 1 pouce (ancienne mesure).

La *planche ordinaire* a 0^m,244 de largeur (9 pouces) et 3^m,90 de longueur (12 pieds); on la désigne par l'expression $^9/_{12}$ qui rappelle ses dimensions dans l'ancien système de mesure.

La *planche réduite* ou $^8/_{12}$ a 0^m,217 de largeur seulement et même longueur 3^m,90 que la planche ordinaire.

La *planche large* ou $^{12}/_{12}$ a 0,325 de largeur et 3^m,90 de longueur. On fait quelquefois des *planches larges* ayant de 0^m,034 à 0^m,040 d'épaisseur (15 à 18 lignes).

On appelle *chon* la première planche sciée sur la tronce et dont les côtés présentent de larges flaches; la largeur des chons est inégale sur chaque face, sa largeur moyenne est de 0^m,175.

On peut admettre qu'en moyenne un mètre cube en grume rend environ 100 mètres linéaires de planches ordinaires $^9/_{12}$. C'est un rendement double de celui des sciages de chêne. Les planches de sapin se vendent généralement au cent, soit 390 mètres linéaires de planches. Il faut donc, pour fabriquer un cent de planches y compris les *chons*, 3^{mc},90 en grume.

Le cent de *planches réduites* vaut moyennement 20 fr. de moins que celui de *planches ordinaires*; le cent de *planches larges* vaut moitié en sus du prix du cent de *planches réduites*.

Le déchet produit par le sciage de sapin est d'environ 30 %; on peut adopter ce même chiffre pour les sciages de bois blancs (peupliers, etc.).

Les principales dénominations des sciages de bois blanc qui alimentent le marché de Paris, sont :

Le feuillet,	épaisseur : 0^m,013	largeur de	0,19 à 0,25
La volige de Champagne,	— 0 018	—	0,16 à 0,25
— de Bourgogne.	— 0 023	—	0,22 à 0,25
La planche ordinaire,	— 0 030	—	0,22 à 0,25
Le quartelot,	— 0 060	—	0,22 à 0,25

Traverses de chemin de fer.

On peut comprendre dans la catégorie des sciages de chêne, hêtre et autres bois durs, les traverses de chemin de fer.

Les traverses peuvent être équarries ou demi-rondes. Les dimensions généralement adoptées sont les suivantes:

2^m,50 à 2^m,80 de longueur; 0^m,20 à 0^m,25 de largeur pour les traverses dites *intermédiaires*, et 0^m,30 à 0^m,35 pour les traverses dites *de joint*; leur épaisseur est de 0,12 à 0,15, et souvent de 0^m,18 pour les *demi-rondes*. Chaque traverse intermédiaire cube de 0^{mc},09 à 0^{mc},08; chaque traverse de joint cube 0^{mc},11 environ. 1,234 traverses assorties font à peu près un volume de 100 mètres cubes; le déchet sur le volume en grume est d'environ 30%.

Les billes susceptibles de fournir des traverses doivent avoir 30 à 35 centimètres de diamètre ou 1 mètre à 1^m,60 de circonférence.

IV. — BOIS DE FENTE.

Tous les bois qui présentent des dimensions suffisantes peuvent fournir des pièces de sciage; il n'en est pas de même pour les fabrications de bois de fente; les arbres qui offrent une *fente* facile et régulière peuvent seuls être avec avantage débités de cette manière. Les bois qui remplissent le mieux ces conditions sont le chêne et le sapin, puis le hêtre quand il est vert; et parmi les arbres de ces essences, ce sont ceux qui ont crû en massif serré, ont la tige droite, cylindrique et sans branches à une grande hauteur, qu'on doit préférer.

On obtient par la fente diverses espèces de marchandises: des merrains, des lattes, des échalas, etc. Les merrains principalement ont une notable importance dans l'industrie des bois; ils sont destinés à la fabrication des tonneaux. Le commerce du merrain prend partout une grande extension, notamment dans les forêts du centre de la France où presque tous les chênes sont livrés aux fendeurs.

On nomme *douelles*, *longailles* ou *dos* les pièces de merrain qui servent à construire la partie convexe des tonneaux; et *fonds*, *fonçailles* ou *traversins*, celles qui servent à faire les fonds. Le *chanteau* est une pièce moins longue, mais souvent plus épaisse que les fonds et se plaçant en travers de ceux-ci pour consolider le tonneau. On appelle généralement *rebuts* des pièces de moindre largeur que les douelles ou les fonds ordinaires; l'expression *ganivelles* a le même sens dans certaines régions.

Les merrains se vendent par lots composés de douelles, de fonds, de rebuts, et parfois de chanteaux en proportion nécessaire pour la fabrication.

Les dimensions des merrains varient suivant les usages locaux, de même que la composition des lots ou milliers de merrains.

Ainsi, dans les forêts de Blois, le millier se compose de la manière suivante :

	longueur,	largeur,		pièces,		pièces réduites.
Douelles, passe rebuts	0^m,83	0^m,110	dont	450	valent	300
Douelles, rebuts.	0 83	0 055	—	2200	—	1100
Douelles, petits rebuts	0 83	0 027	—	300	—	100
Fonds marchands	0 67	0 011	—	200	—	200
— ganivelles.	0 67	0 055	—	900	—	300
Chanteaux.....	0 50	0 090	—	300	—	100
Totaux.........			—	4350	—	2100

Le millier de Blois se compose donc de 4350 pièces, qui représentent 2100 pièces équivalentes à la pièce type, qui est le fond marchand.

La composition du millier du Cher est :

	longueur,	largeur,		pièces,	pièces réduites.
Douelles mar- chandes. . . . . }	0ᵐ,83	0ᵐ,110	dont 600 valent		600
Douelles rebuts. .	0 03	0 055	—	1200	— 600
Fonds marchands	0 67	0 140	—	300	— 300
— ganivelles..	0 67	0 070	—	600	— 200
Chanteaux.	0 50	0 090	—	450	— 100
Totaux			—	3150	— 1800

L'épaisseur des merrains ne dépasse généralement pas
3 centimètres ; les douelles plus épaisses ont ordinairement moins de largeur. Les merrains de Blois ont 0ᵐ,018
d'épaisseur pour les douelles, et 0,020 pour les fonds ;
ceux du Cher n'ont que 0,014.

Sur la question du rendement en merrains par mètre
cube en grume de bois de chêne, on ne peut rien préciser d'une manière générale, attendu que le déchet se
produit dans des proportions extrêmement variables, dans
la même forêt ; il y a à cet égard des différences de prix
sur les arbres qui peuvent étonner les personnes qui ne
sont pas parfaitement au courant de la fabrication. Quoi
qu'il en soit, on peut admettre qu'il faut en moyenne
1,70 à 3 mètres cubes en grume pour fabriquer une
quantité de merrains d'un mètre cube de volume.

Les échalas permettent d'employer les bois de qualité
inférieure comme forme et comme fente ; ils se vendent
au millier par bottes de 50 ; un mètre cube peut en
donner environ 1200.

V. — BOIS DE FEU.

Il y a plusieurs catégories de bois de feu ; on les dis-
tingue d'abord par les qualités des essences ; on a ainsi
les *bois durs*, les *bois blancs* et les *bois résineux* ; on les

divise ensuite d'après la grosseur; les *bois de taillis* doivent avoir de 16 à 46 centimètres de circonférence; les *bois de quartier* doivent avoir au moins 49 centimètres de circonférence. Diverses particularités d'exploitation, enfin, ont pour conséquence de déprécier le bois de feu et d'amener à les subdiviser en *bois neufs*, *bois de flot* et *bois pelards*. Les *bois neufs* sont ceux qui sont transportés au lieu de consommation par voiture, bateau ou chemins de fer, et qui sont pourvus de leur écorce. Les *bois de flot* sont ceux qui ont été transportés en trains de flottage et qui pendant le trajet ont perdu leur écorce et leur sève; les *bois pelards* sont ceux qui ont été écorcés en forêt pendant l'exploitation, pour en utiliser l'écorce; cette opération ne leur fait perdre aucune qualité réelle, cependant on les confond avec les *bois de flot* et ils participent de la dépréciation qu'on fait subir à ceux-ci.

Le bois que nous avons désigné sous le nom de *charbonnette*, composé généralement de brins trop minces pour entrer dans le bois de feu, est converti en *charbon* dans la coupe.

La carbonisation par meule est celle qui est généralement employée dans les bois; on obtient ainsi, soit le charbon de forge qui est *roux*, soit le charbon de cuisine qui est *noir* et dont la carbonisation est plus complète.

Le rendement théorique est de 25 %, mais d'ordinaire on n'obtient guère que 18 à 22 % du poids du bois employé (1).

---

(1) En vase clos et par le système de M. Dromart, on peut obtenir un rendement de 27 à 28 %; voyez à ce sujet les *Annales du Génie civil*, mai 1876, librairie Eugène LACROIX.

Le volume du bois est réduit, après la carbonisation, au tiers environ.

VI. — ÉCORCES DE CHÊNE.

Les écorces de chêne qui sont détachées de l'arbre pour être livrées à la tannerie, sont exposées au soleil dans les coupes pour se sécher, puis sont réunies par bottes de 18 à 20 kilogrammes; on les vend, soit par 100 bottes, soit par 1,000 kilogr.

D'après M. Bouvart, pour obtenir 1,000 kilogr. d'écorce sèche, il faut écorcer :

21 stères de taillis de 15 ans					
19	—	—	20	—	Dont il ne restera
18	—	—	25	—	que 80 % de bois.
17	—	—	30	—	

Le rendement de chacun de ces stères de taillis est d'environ 54 kilogr. d'écorce sèche; le rendement annuel par hectare de taillis de chêne peut varier de. 360 à 200 kilogr., suivant la qualité des taillis. Dans beaucoup de cas, il faut tenir compte d'une certaine proportion d'essences non écorçables; aussi, le rendement d'un taillis en écorce est-il extrêmement variable.

§ III. — *Des frais de transport et d'exploitation.*

Les cours des marchandises s'établissent, comme nous l'avons déjà dit, sur certaines places spéciales. Les prix comprennent nécessairement, indépendamment des bénéfices légitimes de l'exploitant, toutes les dépenses que ce dernier a avancées. Pour calculer le prix des bois sur pied en forêt, il faudra donc défalquer des prix des mercuriales tous ces frais. Ceux de transport sont généralement les plus importants; en outre, ils affectent de manières différentes les divers produits d'une même forêt, parceque ceux-ci peuvent être transportés en des lieux plus ou moins éloignés et suivant un mode de transport plus ou moins dispendieux. On doit donc, avant toute chose, déduire des prix courants des mercuriales les frais de transports.

Les bois peuvent être transportés sur essieux par voie de terre, par voie de chemin de fer ou par eau.

L'opération la plus pénible est d'abord le transport des bois hors de la coupe et de la forêt; c'est ce qu'on appelle le *débardage* ou *débuchage*; on y arrive au moyen de bœufs, de chevaux, de treuils et autres engins assez primitifs, mais que les voituriers emploient généralement avec beaucoup d'habileté; puis on effectue les transports par les chemins d'exploitation jusqu'aux voies principales : rivières, canaux, routes ou chemins de fer.

Voici une indication générale des prix de transport par kilomètre et pour 1,000 kilogrammes, en admettant que les voituriers ne subiront pas de perte de temps dans leurs voyages.

Route forestière en mauvais état, chargement
   et déchargement compris. 0f,50
Route forestière en bon état, non empierrée. 0 40
Route ordinaire 0 25
Sur rivière, total des frais. 0 02
Sur canaux,   — 0 025
Chemins de fer, suivant tarifs spéciaux, en
   moyenne de. 0 05

En ce qui concerne les frais d'exploitation proprement dits, il n'est pas possible de donner des indications pré cises; on doit se renseigner sur place, les prix variant souvent d'un village au voisin, d'une année à l'autre.

Les prix du sciage à bras sont cependant assez uniformes; on ne peut d'ailleurs employer à ce genre de travail que des ouvriers spéciaux.

On donne tout compris, par mètre carré de bois dur . . . . 0^f,50

On donne tout compris, par mètre carré de sapin et bois blanc. 0 40

§ IV. — *Estimation en argent.*

Quand on a déterminé la nature et la quantité des marchandises que les produits ligneux d'une coupe pourront donner, et qu'on a établi le prix de l'unité de chacune de ces marchandises à l'aide des mercuriales, déduction faite des prix de transport; il est facile, avec les divers renseignements que nous avons recueillis dans les pages qui précèdent, d'établir les prix du mètre cube en grume sur pied; il ne s'agit plus que d'une application de prix et que d'une déduction de frais divers, comme nous allons rapidement le montrer :

1° Le mètre cube équarri au quart valant, d'après une mercuriale, 70 fr., en supposant connus les frais de transports depuis la forêt (soit 10 fr.); le prix du mètre cube équarri en forêt sera de 60 fr., et le prix du mètre cube en grume, frais de façon (abatage et équarrissage) compris, de 60 $\times$ 0,785 ou 47^f,10.

2° Deux cents mètres linéaires d'échantillons de chêne valent, d'après une mercuriale, 230 fr.; les frais de transport depuis la forêt étant de 20 fr., les frais de sciage de 25 fr., il reste pour prix du bois, 185 fr.; or, 200 mètres linéaires d'échantillons représentent à peu près 4 mètres cubes de bois en grume; le prix du mètre cube en grume, en forêt, sera donc de 46 fr. environ.

3° Le millier de merrains du Cher se vend 500 fr., y compris 80 fr. de transport depuis la forêt; on sait, d'ailleurs, que le prix de façon du millier est de 40 fr.; le prix du bois en forêt est donc de 380 fr.; par suite d'expériences, on a constaté qu'il faut en moyenne 2 mètres cubes en grume pour fabriquer 1 mètre cube de merrain; or, le millier de merrains du Cher représente $2^{mc},57$; le bois en grume nécessaire à sa fabrication est donc de $5^{mc},14$; par conséquent, le prix en forêt du mètre cube en grume est de 74 fr. environ.

Ces exemples suffisent pour indiquer la marche à suivre pour réduire au prix du mètre cube en grume, en forêt, les prix fournis par les mercuriales.

L'application des prix peut ensuite s'effectuer dans l'ordre que nous allons indiquer :

Bois de charpente.	Mètres cubes	à	l'un, ci.	» fr. »
	—	à	l'un, ci.	» · »
	—	à	l'un, ci.	» »
Bois d'industrie. .	—	à	l'un, ci.	» »
	—	à	l'un, ci.	» »
	—	à	l'un, ci.	» »
Bois de chauffage.	Stères	à	l'un, ci.	» »
	—	à	l'un, ci.	» »
Charbonnette. . .	—	à	l'un, ci.	» »
Fagots.		à	le cent, ci.	» »
Bottes d'écorce . .		à	le cent, ci.	» »

Total de l'estimation des produits, déduction faite des frais de transport. .   » »

A déduire :

1° Bénéfice de l'exploitant, à raison de » %
  de l'estimation ci-dessus . . . . ,   »

2° Frais de surveillance et d'exploitation, ci.   »

3° Ébranchement des arbres à   l'un, ci. . .   »

Abatage et façon des arbres de futaie à
  l'un, ci.   »

Abatage et façon du bois de chauffage à   le
  stère, ci. . . . .   »

Abatage et façon du bois à charbon à   le
  stère, ci. . . . .   »

Façon des bourrées à   le cent, ci. . . . .   »

  —   des écorces à   le cent, ci. . . . .   »

4° Travaux divers à la charge de l'exploitant,
  ci. . . . .   »

                                                 }   »   »

Reste. . . . .   »   »

5° 5 % de ce reste pour frais d'enregistre-
  ment et frais d'adjudication, ci. . . . .   »   »

Reste net . . . .   »   »

CHAPITRE IV.

Estimation des forêts en fonds et superficie.

§ Ier. — *Exposé de la méthode.*

Une propriété boisée n'a généralement de valeur qu'en raison du revenu qu'elle procure. Comme toutes les propriétés productives de revenus, les sols boisés représentent une accumulation de valeurs engagées directement ou indirectement, les unes peuvent être considérées comme des capitaux immobilisés, qui constituent à proprement parler la *propriété immobilière;* on n'est point maître d'en changer la destination; les autres, au contraire, sont engagées temporairement et en vue d'une production déterminée.

Dans les forêts, les valeurs radicalement immobilisées constituent la valeur du *fonds.* Les autres représentées par les bois maintenus sur pied pour entretenir le revenu annuel d'une manière permanente, ne sont immobilisées que temporairement, c'est-à-dire aussi longtemps que le propriétaire le désire pour percevoir un revenu déterminé ; c'est ce que nous convenons d'appeler la *superficie* ou matériel superficiel. La valeur de cette superficie est une chose de sa nature fort variable; elle dépend des variations des prix courants des marchandises, qui servent à la fixer, elle en subit par conséquent toutes les fluctuations; mais surtout elle augmente ou elle diminue d'importance suivant que les arbres qui la constituent sont plus ou moins vieux.

Quand une forêt est exploitée régulièrement, le fonds

et la superficie concourent, chacun dans sa mesure propre, au même résultat, qui est la production du revenu. Il s'en suit qu'une forêt aménagée, c'est-à-dire susceptible de rapporter annuellement la même somme d'argent ou à peu près la même, a une valeur équivalente à celle d'un capital qui rapporterait, au taux ordinaire des placements en terre, le même revenu en argent. Toutefois, avant de conclure la valeur réelle d'une forêt en fonds et superficie, de son revenu net antérieur et actuel, il faut être assuré que ce revenu est aussi avantageux que possible. Cette constatation réclame une étude spéciale, et elle ne peut être entreprise que par des forestiers expérimentés.

Si au lieu d'être annuel, le revenu net le plus avantageux était perçu à des intervalles égaux d'années, la valeur de la forêt serait égale à celle d'un capital dont on toucherait des intérêts d'égale importance à ce revenu, et dans les mêmes conditions de périodicité et de sûreté.

En résumé, l'évaluation d'une forêt pouvant et devant être exploitée régulièrement, n'offre aucune difficulté quand on est fixé sur son revenu net ; c'est toujours une question de calcul de capitalisation, plus ou moins compliquée, mais toujours facile à résoudre.

Au contraire, une forêt à laquelle on ne peut appliquer immédiatement les méthodes d'exploitation régulière, présente dans sa constitution un défaut d'homogénéité ou d'harmonie qui rend impossible l'emploi des procédés que nous venons d'indiquer sommairement. Il faut alors opérer par analyse, en quelque sorte ; déterminer d'une part le rôle qu'est susceptible de remplir dans la production le fonds, l'*instrument-terre* ; et d'autre part, évaluer le matériel sur pied, qui représente la partie du capital engagé susceptible de réalisation à des époques plus ou moins rapprochées.

On doit donc établir une distinction suivant qu'il s'agit de :

1° Bois susceptibles d'exploitation régulière et de revenus annuels ou périodiques sensiblement égaux.

Ou de :

2° Bois non susceptibles d'exploitation régulière en raison du défaut d'homogénéité ou de graduation des âges des peuplements existants, et dont on ne peut retirer immédiatement des revenus annuels ou périodiques égaux.

Bois susceptibles de revenus égaux annuels ou périodiques.

Pour arriver à l'estimation en fonds et superficie de cette catégorie de forêts, il résulte des explications précédentes qu'il faut déterminer le revenu de la propriété, supposée traitée dans les meilleures conditions, au point de vue de l'intérêt d'un propriétaire qui considérerait son bois comme un capital productif d'intérêts ; on doit donc avant tout fixer le taux à appliquer pour capitaliser le chiffre du revenu.

Bien que l'on considère un bois comme un capital productif d'intérêts, le taux de placement à lui appliquer ne doit pas être le même que s'il s'agissait d'un véritable capital placé à intérêts. La sécurité des placements des capitaux dans une propriété boisée, comme dans une propriété agricole, étant bien supérieure à celle des placements en prêts commerciaux ou même hypothécaires, leur taux d'intérêt doit être bien inférieur. C'est celui des placements en terres arables qu'on doit adopter. Ce taux varie, suivant les localités et les circonstances, entre 3 et 5 %. Il tend généralement à diminuer en raison de l'augmentation continue des quantités d'or et d'argent en circulation, comme toutes choses tendent continuellement à enchérir par la même cause.

En ce qui concerne la détermination du revenu, on pourra procéder comme il suit : on se renseignera d'abord sur l'importance du revenu annuel ou périodique; sur le premier, en établissant le revenu moyen des dix dernières années, et en en défalquant, bien entendu, les frais annuels moyens d'impôts, de surveillance, d'entretien etc., relatifs à la propriété, afin de ne considérer qu'un *revenu net*. L'importance du revenu périodique pourra s'établir au moyen du dernier revenu perçu et en en déduisant les frais de toute sorte consacrés à l'entretien de la propriété pendant toute la durée de la période qui sépare chaque exploitation ; mais comme ces frais se payent généralement chaque année, on devra, non pas simplement en faire la somme d'année à année, mais tenir compte de la plus value que prennent ces frais en y ajoutant les intérêts composés pour le temps écoulé entre l'époque où on les a payés et celle où le revenu a été touché, c'est-à-dire l'époque de l'exploitation.

Une fois ce revenu, que nous appellerons revenu actuel, déterminé, on recherchera si en augmentant ou en diminuant la révolution, c'est-à-dire en définitive l'âge où le bois doit être exploité, on n'arriverait pas à un revenu plus avantageux. Cette augmentation ou cette diminution de la révolution du bois aurait nécessairement pour effet d'augmenter ou de diminuer la valeur de la superficie, la valeur des capitaux engagés dans la propriété, celle par conséquent de la propriété elle-même. La question serait donc de savoir quelle serait en capitalisant ces revenus à toucher à des époques différentes, la combinaison qui produirait comme valeur de l'immeuble le chiffre le plus fort.

Pour mieux fixer les idées, prenons un exemple et entrons dans quelques détails de calculs.

Soit un bois qui, exploité tous les 15 ans, rapporte 1200 fr. On sait que si on l'exploitait tous les 20 ans, il rapporterait 1800 fr.; que tous les 25 ans le revenu net s'élèverait à 2340 fr., et l'on veut déterminer quel est le revenu le plus avantageux eu égard à la valeur de la pro priété.

Pour connaître la valeur de la propriété rapportant 1200 fr. tous les 15 ans, il faut chercher la somme qui, placée à intérêts composés pendant 15 ans, produirait en intérêts une somme égale à 1200 fr.; on aurait donc, en adoptant pour taux de l'intérêt, 0,04 :

$$1200 = x\,[(1{,}04)^{15} - 1];$$

d'où :

$$1200 \times \frac{1}{(1{,}04)^{15} - 1} = x = \text{valeur de la propriété};$$

en effectuant les calculs on trouve $x = 1282$ fr.

Avec le revenu à 20 ans, on aurait :

$$1800 \text{ fr.} \times \frac{1}{1{,}04^{20} - 1} = 1510 \text{ fr.};$$

enfin avec le revenu à 25 ans :

$$2340 \text{ fr.} \times \frac{1}{1{,}04^{25} - 1} = 1404 \text{ fr.}$$

C'est donc à 20 ans que le bois dont il s'agit serait exploité dans les conditions les plus anvantageuses. Maintenant deux cas peuvent se présenter, d'abord celui où l'on serait au début d'une période, à l'époque où la coupe périodique viendrait d'être faite, ensuite le cas où la période serait commencée.

Dans le premier cas, le bois vaudrait actuellement 1510 fr.; la superficie étant nulle, ces 1510 fr. représentent *la valeur du fonds*.

Pour le second cas, supposons que la coupe ait été réalisée 8 ans, par exemple, avant l'année de l'estimation. La valeur de la propriété, alors, comprendrait celle d'une superficie représentée par le peuplement de 8 ans. Il faudrait donc augmenter les 1510 fr. que nous avons obtenus dans le premier cas, d'une certaine somme pour avoir la valeur de la propriété. Les bois de 8 ans en réalité n'ont qu'une infime valeur vénale; mais leur existence constitue pour la personne qui achèterait la propriété un gage matériel et certain qu'elle pourra toucher dans 12 ans un revenu de 1510 fr., revenu qui se reproduira périodiquement tous les 20 ans. N'attendre que 12 ans au lieu de 20 ans pour toucher une somme, c'est profiter des intérêts composés qu'aurait produits cette somme pendant les 8 premières années de la période. La valeur de la propriété s'accroîtra donc d'autant, et l'on aura :

$$x = 1800^{\text{f}} \times \frac{1}{1{,}04^{20} - 1} \times 1{,}04^{8} = 1510^{\text{f}} \times 1{,}369 = 2067^{\text{f}}.$$

On attribue, par le fait, au jeune peuplement de 8 ans, une *valeur d'avenir* de 2067 fr. — 1510 fr. = 557 fr.

Si le même bois que nous avons pris pour exemple avait été jusqu'à présent exploité à 25 ans, au lieu d'augmenter la révolution on serait amené à reconnaître qu'il y a lieu de la raccourcir de 5 ans. Cette hypothèse ne changerait en rien les conditions du problème, si ce n'est dans le cas où l'exploitation des bois n'aurait pas été faite et où le peuplement n'aurait pas encore atteint l'âge d'exploitabilité. La question alors devrait être traitée comme nous l'indiquerons au sujet des bois irréguliers.

Prenons maintenant pour exemple une forêt produisant un revenu *annuel* de 1800 fr.

Si cette somme de 1800 fr. représente le revenu annuel *le plus avantageux*, la valeur de la forêt sera évidemment équivalente à celle d'un capital qui produirait annuellement, placé au taux de 4 %, la somme de 1800 fr.; donc la valeur de la forêt, $x = \dfrac{1800}{0,04} = 45000$ fr. On peut d'ailleurs, dans ce cas, pour la recherche du revenu le plus avantageux, appliquer la méthode indiquée pour les revenus périodiques, ainsi que nous le démontrons plus loin.

Ces 45000 fr. comprennent la valeur *du fonds* et celle *de la superficie*, laquelle se compose de tous les peuplements âgés de 1 à 19 ans, maintenus constamment sur pied pour fournir chaque année une coupe donnant un revenu net d'impôts et de tous autres frais, égal à 1800 fr.

Si le revenu de 1800 fr. n'était pas reconnu le plus avantageux, il faudrait augmenter ou diminuer la révolution de la forêt, pour en retirer le plus grand profit; le matériel sur pied, la superficie actuelle de la forêt ne serait plus alors constituée dans les conditions d'un meilleur revenu, elle devrait être estimée séparément, comme nous l'indiquerons pour les bois irréguliers.

Jusqu'à présent nous avons admis que l'on connaissait l'importance relative des revenus nets qu'un bois serait susceptible de produire à des âges différents. Mais cette détermination ne peut généralement pas se faire *à priori*. Pour y arriver dans des conditions d'exactitude suffisante, il faut avoir une connaissance parfaite des lois de la végétation, étudier les forêts voisines, se trouvant dans les mêmes conditions au point de vue du sol, du climat, de l'exposition et des essences, mais exploitées à des révolutions plus longues et plus courtes, il faut, en un mot, recourir à tous les moyens d'observation et de constatation que peut seule enseigner une longue expérience des choses forestières.

Telle est d'ailleurs la seule question un peu délicate à résoudre, quand on estime en fonds et superficie les bois de la nature de ceux qui font en ce moment l'objet de notre examen. D'ailleurs, dans la plupart des cas, on peut admettre que les bois des particuliers sont exploités dans les conditions d'une rente aussi élevée que possible. Donc, en adoptant pour base des estimations les revenus nets réalisés par les propriétaires administrant sagement, on ne commettra point assurément de fortes erreurs.

Bois renfermant des peuplements irréguliers et dont les revenus sont inégaux.

Il faut, pour qu'une forêt produise indéfiniment les mêmes revenus que les parties de bois à exploiter annuellement ou périodiquement, aient même étendue et soient du même âge, ou à peu près, c'est-à-dire parvenus au terme de leur exploitabilité à la même époque. Dans le cas d'une seule exploitation sur toute l'étendue de la forêt à la fin de chaque révolution, cette forêt devra renfermer des peuplements qui seront tous exploitables à des époques périodiques ; dans le cas d'exploitations annuelles, la forêt devra présenter constamment une égale proportion de bois exploitables, ce qui implique la condition de peuplements d'âges gradués depuis un an jusqu'à l'âge d'exploitabilité. Telles sont les conditions nécessaires à la réalisation d'un revenu constant et uniforme, annuel ou périodique ; si elles ne sont pas remplies la forêt est irrégulière, elle n'est susceptible que d'un revenu plus ou moins variable, pendant un temps indéfini si l'on ne fait rien pour en modifier le régime ; transitoirement, si l'on trouve plus avantageux de régulariser les peuplements en vue d'un revenu constant et uniforme, mais qu'on ne pourra pas toucher avant l'expiration du délai nécessaire à la régularisation des peuplements.

Nous avons donc deux cas à considérer selon qu'on maintient la forêt dans les conditions d'un revenu variable, ou que l'on entreprend d'en régulariser les pleuplements, en vue de toucher des revenus annuels inégaux, pendant la première révolution, mais uniformes dès le début de la seconde révolution.

Examinons d'abord le 1ᵉʳ cas, qui est le plus simple.

Quelque irréguliers que puissent être les peuplements d'une forêt nous supposerons toujours qu'ils peuvent se diviser en peuplements partiels, composés de bois ayant même âge et ayant chacun une étendue déterminée ; et

lorsqu'on aura fixé l'âge d'exploitabilité à adopter en vue
du revenu le plus profitable, on pourra être amené à
établir deux catégories de peuplements, l'une comprenant
ceux ayant atteint ou dépassé ce terme d'exploitabilité et
l'autre ceux plus jeunes. Les premiers sont généralement
réalisables immédiatement, à moins qu'ils ne soient en
telle quantité qu'on éprouve de grandes difficultés à en
écouler les produits; les autres ne sont réalisables qu'à
l'époque où ils parviendront à l'âge d'exploitabilité et ils
ne peuvent être estimés que pour leur *valeur d'avenir*,
laquelle sera d'autant plus grande que l'époque où l'on
pourra les exploiter sera moins éloignée.

On évaluera les bois de la première catégorie au moyen
des procédés de cubage et d'estimation des bois sur pied.
Pour évaluer ceux de la seconde catégorie, on recherchera
d'abord la valeur qu'ils pourront avoir à l'époque de leur
exploitation, et l'on escomptera cette valeur pour le temps
qui doit s'écouler jusqu'à l'époque de leur réalisation.

La somme de toutes ces valeurs représentera la valeur
actuelle de la superficie.

Pour évaluer le *fonds*, il faut considérer la forêt comme
divisée en autant de forêts partielles qu'on fera d'exploitations partielles et envisager chaque groupe comme susceptibles d'un revenu périodique qu'on calculera à l'aide
des renseignements recueillis. Ce revenu périodique
connu pour chaque exploitation, il sera facile de calculer
la valeur du fonds suivant la méthode qui a été expliquée.
La somme des valeurs actuelles du fonds, calculées ainsi
partiellement, représentera la valeur du fonds de toute la
forêt.

Le second cas à examiner est celui où l'on voudrait

entreprendre immédiatement la régularisation des peuplements, en vue d'un revenu annuel uniforme et constant.

On commencera par déterminer sur le terrain l'ordre et l'étendue des coupes qui devront donner, à partir de la seconde révolution, des produits annuels égaux ; comme on peut admettre généralement que la valeur des peuplements de même âge et de mêmes essences est proportionnelle à leur étendue, la contenance de chaque coupe pourra être sensiblement la même. La division en coupes étant effectuée sur le terrain, on déterminera la valeur que produira chacune de ces coupes à l'époque de leur exploitation pendant la 1re révolution et l'on en déduira la valeur actuelle, comme pour les bois de la 2e catégorie du 1er cas. La somme de toutes ces valeurs partielles représentera la valeur actuelle de la superficie.

Quant au fonds, il sera facile d'en supputer la valeur actuelle, puisqu'il sera susceptible de produire un revenu annuel uniforme et constant à partir de la 2e révolution ; il suffira d'escompter la valeur du capital correspondant à ce revenu.

Ce second cas produira une valeur estimative moindre que celle obtenue par les procédés du 1er cas ; mais ce désavantage est compensé par une plus grande régularité dans l'encaissement des produits.

Jusqu'à présent nous avons admis l'hypothèse que le revenu le plus avantageux ne devait être discuté que sous la condition que le sol continuerait à produire du bois, mais comme le sol d'une forêt peut être également susceptible de produire de la vigne, des céréales, des prairies, etc., il est nécessaire, quand la faculté de défricher est acquise, de comparer les revenus que produiraient d'autres cultures avec ceux que produisent ou sont susceptibles de produire les bois.

Toutefoi dans le cas d'un changement de culture, il ne faut omettre aucune des dépenses de toute nature que ce changement entrainerait, afin de les faire figurer dans les sommes à déduire.

Ainsi, l'évaluation du fonds d'une forêt qu'il y aurait avantage à défricher devrait être faite d'après le revenu résultant du nouveau mode de culture à adopter, en défalquant, bien entendu de la valeur du fonds ainsi obtenue les frais spéciaux que nécessitera la conversion.

§ II. — *Des procédés de calcul à employer dans les estimations en fonds et superficie.*

Les opérations de calcul que nécessitent ces estimations peuvent se réduire à six principales; il y a lieu de rechercher :

1° Les lois suivant lesquelles la valeur des produits ligneux assimilés à des capitaux productifs d'intérêts s'accroissent d'année en année;

2° La valeur actuelle d'un revenu à percevoir à une époque déterminée ;

3° Le capital correspondant à une rente revenant périodiquement ;

4° Le capital correspondant à une rente annuelle et continue à toucher pour la première fois à une époque déterminée;

5° La valeur actuelle d'une rente annuelle qui ne dure que pendant un certain nombre d'années ;

6° La proportion dans laquelle un revenu en bois doit s'accroître pour qu'il y ait, eu égard au capital engagé, avantage à en retarder la réalisation.

La solution de toutes ces questions repose sur des calculs d'intérêts composés.

Nous admettons en principe que les accroissements annuels de la valeur d'un bois se produisent comme les intérêts d'un capital placé, qui s'accumuleraient d'année en année, suivant un taux déterminé ; c'est là une hypothèse contestable assurément; les phénomènes de la nature ne s'accomplissent pas avec une régularité de cette sorte, mais dès qu'on prétend les soumettre au calcul, il faut nécessairement leur adapter les lois mathématiques qui s'en rapprochent le plus, et c'est le cas ici.

Si donc on désigne par C une somme d'argent quelconque, par r l'intérêt que rapporterait 1 fr. au bout d'un an; la somme C placée pendant un an dans ces conditions rapportera, à la fin de ce terme, $C \times r$ et deviendra, par conséquent, $C \times (1 + r)$; cette même somme placée d'une manière continue pendant un nombre d'années égal à n deviendra donc, à l'expiration de ce terme :

$$C \times (1 + r)^n \qquad (I)$$

Si nous admettons que de 20 à 25 ans un taillis s'accroisse chaque année dans la proportion de 3 %/₀ de sa valeur actuelle, et qu'à 20 ans il vaille 1000 fr., sa valeur à 25 ans sera :

$$1000 \times (1,03)^5 = 1159 \text{ fr.}$$

La formule $A = C \times (1 + r)^n$ va nous permettre de

résoudre chacune des questions que nous avons énumérées plus haut.

Examinons la deuxième question : La valeur actuelle d'une somme à percevoir dans un temps donné n'est autre chose que la valeur même de cette somme escomptée *en dedans* pour le temps fixé, en sorte que A étant la somme connue, C sa valeur actuelle qui est à calculer, on aura :

$$C = A \times \frac{1}{(1+r)^n} \qquad (II)$$

Ce calcul s'applique au cas où l'on voudrait, par exemple, vendre une coupe sous le condition de ne l'exploiter que dans trois ans. En supposant que cette coupe produise après l'exploitation 5000 fr. nets, sa valeur actuelle au taux de 4 pour 100, par exemple, serait :

$$C = 5000 \text{ fr.} \times \frac{1}{1{,}04^3} = 4445 \text{ fr.}$$

En ce qui concerne la troisième question, pour déterminer la valeur d'une rente qui revient périodiquement, remarquons d'abord que le capital correspondant à une rente annuelle (ce qui est le cas particulier le plus simple de la question) s'obtient par le taux d'intérêt r, on a en effet :

$$A \times r = C \qquad \text{d'où} \qquad A = C \times \frac{1}{r}.$$

Revenons maintenant au cas général de périodicité, en désignant par n l'intervalle des périodes, la rente connue sera égale à ce que produirait le capital cherché placé pendant n années, au taux d'intérêt de r, on aura ainsi :

$$C = A \times [(1 + r)^n - 1].$$

Le capital correspondant à la rente C sera donc :

$$A = C \times \frac{1}{(1 + r)^n - 1} \qquad \text{(III)}$$

Exemple : Un bois rapporte net 1000 fr. par an, sa valeur en fonds et superficie sera, en admettant qu'on adopte le taux de placement de 4 $^{0}/_{0}$:

$$A = 1000^r \times \frac{1}{0,04} = 25000 \text{ fr.}$$

Si ce revenu de 1000 fr. ne se réalisait que tous les 20 ans, la valeur actuelle de la forêt, immédiatement après la réalisation de la coupe, serait :

$$A = 1000 \times \frac{1}{(1,04)^{20} - 1} = 839 \text{ fr.}$$

Mais si le premier revenu périodique à toucher devait être réalisé dans un nombre d'années m moindre que la durée de la période, la valeur de la propriété trouvée plus haut devrait être augmentée des intérêts composés de cette somme de 839 fr. pendant $(n - m)$ années, ce qui donnerait en faisant $m - n = 8$.

$$A = \left(1000 \times \frac{1}{1,04^{20} - 1} \right) \times 1,04^8 = 1149 \text{ fr.}$$

Enfin, si on faisait $(n - m) = 20$ c'est-à-dire si l'on pouvait exploiter immédiatement, on aurait :

$$A = \left(1000 \times \frac{1}{1,04^{20} - 1} \right) \times (1,04)^{20} = 1839 \text{ fr.}$$

Il suffirait donc dans ce cas d'ajouter simplement à

la valeur trouvée dans la première hypothèse 839 fr., la valeur nette d'une coupe.

Supposons maintenant, pour aborder la quatrième question, que la rente, au lieu d'être périodique, soit annuelle.

Nous avons vu que, si cette rente pouvait être touchée après la première année d'entrée en jouissance, le capital correspondant serait $A = C \times \dfrac{1}{r}$, mais dans le cas où elle ne pourrait être touchée qu'après un certain nombre d'années, à partir de l'entrée en jouissance, il faudrait escompter la première valeur trouvée en raison du retard qu'on éprouverait à toucher le premier revenu annuel.

Ainsi, la valeur actuelle d'une rente annuelle C à toucher dès la fin de la 1re année étant $C \times \dfrac{1}{r}$, celle de la rente à toucher dans n années, c'est-à-dire $(n - 1)$ années plus tard, sera :

$$A = C \times \frac{1}{r} \left(\frac{1}{1+r} \right)^{n-1} \qquad \text{(IV)}$$

Exemple : On vend une forêt aménagée en coupes annuelles rapportant 1000 fr., mais l'acquéreur ne pourra commencer à exploiter que dans 5 années, à cause d'anticipations faites avant la vente sur les exploitations; on demande quelle en sera la valeur à payer immédiatement, en supposant que l'acquéreur recherche un placement de 4 %/0 pour ses fonds.

D'après la formule précédente, on aura :

$$A = 1000 \times \frac{1}{0,04} \times \left(\frac{1}{1,04} \right)^{6-1} = 21370 \text{ fr.}$$

La cinquième question que nous avons posée se rapporte à la recherche de la valeur actuelle d'un capital correspondant à une rente annuelle, que l'on ne doit percevoir que pendant un certain temps.

D'après ce qui précède, une rente C à toucher annuellement, à partir de la fin de la première année, vaut actuellement en capital $A' = C \times \dfrac{1}{r}$; la même rente C à toucher à la fin de la $(n+1)^{\text{me}}$ année vaut en capital :

$$A'' = C \times \frac{1}{r} \left(\frac{1}{1+r} \right)^n ;$$

la différence de ces deux valeurs A' et A'' donnera la valeur cherchée :

$$A = C \times \frac{1}{r} \left(1 - \frac{1}{(1+r)^n} \right) \qquad \text{(V)}$$

Si l'on ne devait commencer à toucher le premier revenu annuel qu'à l'expiration d'un terme de m années, par exemple, la valeur correspondant à n coupes annuelles serait évidemment la différence entre la valeur du capital correspondant à une rente annuelle et continue qu'on commencerait à toucher à la fin de m années, et celle du capital correspondant à la même rente, à ne toucher que dans $(m + n)$ années. Appliquant la formule de la 4e question, on a :

$$A = C \times \frac{1}{r} \left[\left(\frac{1}{1+r} \right)^{m-1} - \left(\frac{1}{1+r} \right)^{m+n-1} \right] \text{(V')}$$

Exemple : Un propriétaire vend en bloc cinq coupes, sous la condition qu'il n'en sera exploité qu'une chaque année; en supposant que chaque coupe vaudra à l'époque de son exploitation 2000 fr., que la première pourra être réalisée immédiatement, c'est-à-dire à la fin de la 1re année ; enfin, que l'acquéreur, pour l'avance qu'il fera, désire que son argent lui rapporte 5 %, la valeur actuelle des cinq coupes sera pour lui :

$$A = 2000 \times \frac{1}{0,05} \left(1 - \frac{1}{1,05^5} \right) = 8659 \text{ fr.}$$

Supposons maintenant que les conditions soient modifiées en ce sens, que la première coupe ne puisse être réalisée qu'après un délai de 3 ans, on aurait :

$$A = 2000 \times \frac{1}{0,05} \left[\left(\frac{1}{1,05} \right)^2 - \left(\frac{1}{1,05} \right) \right] = 7854 \text{ fr.}$$

Il nous reste enfin, pour terminer l'examen des questions de calculs que nous avons posées, à déterminer la proportion dans laquelle un revenu en bois doit s'accroître pour qu'il y ait, *eu égard au capital engagé*, avantage pour son propriétaire à en retarder la réalisation.

Nous savons que pour cela il faut comparer les valeurs en fonds et superficie de la forêt, calculées d'après les valeurs qu'acquiert le revenu annuel ou périodique à différents âges.

Supposons d'abord la forêt exploitée périodiquement en entier à l'expiration de chaque révolution, d'après la formule (III), on aura, en désignant par C et C' les valeurs de la coupe, suivant qu'elle est exploitée à n années ou qu'elle le sera à n' années ;

$$A = C \times \frac{1}{(1+r)^n - 1} ;$$

$$A' = C' \times \frac{1}{(1+r)^{n'} - 1)}.$$

Pour qu'il y ait avantage à adopter la révolution de n' années, il faut que A' soit plus important que A, ce qui entraîne la condition que le rapport $\dfrac{A}{A'}$ ou $\dfrac{C[(1+r)^{n'}-1]}{C'[(1+r)^{n}-1]}$ soit plus petit que 1 ; on en conclut que l'on doit avoir :

$$C' > C \times \frac{[(1+r)]^{n'}-1}{(1+r)^{n}-1} \qquad\qquad (VI)$$

Cette formule est applicable au cas de revenus annuels, continus et égaux ; en effet, on peut considérer chaque coupe comme produisant un revenu périodique à la fin de chaque révolution, et comme tous les revenus sont égaux, si l'on applique à l'un d'eux seulement les procédés indiqués pour le 1ᵉʳ cas, la proportion qui en résultera sera applicable à chaque coupe, par conséquent à toute la forêt ; il suffira donc pour résoudre la question, d'examiner si les revenus annuels réalisés suivant une révolution de n ou de n' années, satisfont à l'inégalité (VI).

Remarquons que si, dans cette inégalité, on divise C et C' par un même nombre, celui par exemple qui exprime en hectares l'étendue de la coupe, on ne changera en rien la relation ; il en résulte qu'on peut remplacer les valeurs C et C' par celles d'un hectare se trouvant dans les mêmes conditions que les coupes produisant les revenus C et C'. Comme on a généralement l'habitude d'évaluer les bois à tant l'hectare, le calcul, en n'introduisant que ces données, sera sensiblement simplifié.

Les calculs qu'impliquent les diverses solutions que

nous venons d'exposer ne laisseraient pas que d'être compliqués si l'on devait les exécuter suivant les formules I, II, III, IV, V et VI; mais à l'aide des tables que nous donnons à la suite de ce chapitre, les opérations se simplifient beaucoup et se réduisent, dans tous les cas, à de simples multiplications.

Les cinq premières tables sont extraites des tarifs de Cotta, quant à la sixième nous l'avons dressée d'après nos propres calculs.

Les dispositions données à ces tables en rendent l'intelligence facile; la table VI, cependant, demande quelques explications. Elle sert à déterminer le terme de l'exploitabilité relative à la rente la plus élevée, dans le cas où l'on adopte le taux d'intérêt de 4 pour cent. Ce taux a été choisi parce qu'il parait être celui sur le pied duquel on recherche généralement à faire des placements en terres ou en bois.

Les colonnes de cette table indiquent la loi suivant laquelle les revenus doivent s'accroître d'année en année, pour qu'il n'y ait pas désavantage à les réaliser aux époques correspondantes.

Prenons comme exemple, pour révolution actuelle, le terme de 20 ans, et admettons que le revenu net de la coupe à cet âge soit de 1000 fr. La table VI fera connaître que pour qu'il n'y ait pas désavantage à exploiter à 15 ans, il faut que la coupe vaille au moins à cet âge :

$$1000 \times 0{,}672 = \ldots \ldots \ldots \quad 672 \text{ fr.}$$

à 16 ans au moins   733
à 17 ans   —   796
à 21 ans   —   1074
à 25 ans   —   1398
à 30 ans   —   1883
à 35 ans   —   2473

Or, si l'on savait, à la suite d'un examen attentif, que le bois où l'on opère est dans des conditions de végétation à donner pour valeur d'une coupe :

                600 fr. à . . . . 15 ans
                1000   à . . . . 20 ans
                1500   à . . . . 25 ans
                1800   à . . . . 30 ans

on constaterait, en comparant ces revenus aux chiffres obtenus à l'aide de la table **VI**, que le terme d'exploitabilité le plus avantageux sera celui de 25 ans ; il fera gagner sur le revenu actuel de 1000 fr. une somme égale à 1500 — 1398 fr. = 102 fr.

Nous achèverons nos explications sur l'estimation des forêts en fonds et superficie, en donnant quelques applications se rapportant aux cas qui se présentent le plus fréquemment dans la pratique.

§ III. — *Applications de la méthode d'estimation des bois en fonds et en superficie à quelques cas généraux.*

Un propriétaire met en vente une forêt de 180 hectares se divisant en deux cantons, l'un de 72 hectares, situé en plaine, pour lequel la faculté de défricher a été donnée par décision ministérielle du....., contenant dix coupes d'égale étendue, peuplées de taillis de l'âge de 1 à 8 ans et renfermant environ 3000 arbres de futaie âgés de 25 à 80 ans ; l'autre de 108 hectares, situé en coteau, contenant 15 coupes, à peu près d'égale surface, peuplées de taillis de 9 à 23 ans, et renfermant 5000 arbres de futaie âgés de 30 à 100 ans.

On demande le prix de cette propriété, pour un acqué·
reur qui y chercherait un placement de fonds au taux
d'intérêt de 4 pour 100.

La première opération consistera en une reconnais-
sance générale et détaillée des deux cantons, et à
recueillir tous les renseignements nécessaires pour
établir les recettes et les dépenses. Admettons que ce
travail préliminaire, auquel doit concourir un expert
habile en matière forestière, ait été effectué dans les
meilleures conditions, on devra inscrire avec ordre tous
les renseignements recueillis, par exemple, sous la
forme d'un état établi ainsi :

NUMÉROS des coupes ou parcelles	ÉTENDUE de chaque coupe ou parcelle	AGES des taillis	RENSEIGNEMENTS DIVERS
			1° Canton A.
	h. a.	ans.	
1	7,20	8	Ce canton forme avec le suivant une série d'exploitation de 25 coupes de taillis sous futaie ; le propriétaire a ex-
2	7,20	7	ploité, pendant les deux dernières an-
3	7,19	6	nées, 2 coupes au lieu d'une chaque année. — Année moyenne, les coupes
4	7,20	5	du canton A rapportent 1,200 fr. par hectare.
5	7,21	4	On a constaté qu'à 20 ans l'hectare
6	7,24	3	rapporterait 950 fr., et à 30 ans 1,800 fr. En faisant le comptage et l'estimation
7	7,19	2	des arbres de futaie, on en a trouvé 3,000 d'une valeur de 12,600 fr.
8	7,17	2	Le canton A est situé en plaine ; le
9	7,18	1	sol est argileux, profond, et analogue aux terres arables voisines, louées à
10	7,25	1	raison de 100 fr. l'hectare ; on pourrait trouver à affermer après défrichement, à raison de 75 fr. nets d'impôts.
	72,00		La chasse est louée 50 fr. par an, en moyenne. Les charges annuelles et par hectare sont pour impôts et frais d'en- tretien de 6 fr. ; frais de garde de 2 fr. 50.

NUMÉROS des coupes ou parcelles	ÉTENDUE de chaque coupe ou parcelle	AGES des taillis	RENSEIGNEMENTS DIVERS
			2° Canton B.
	h. a.	ans.	
11	7,05	23	Le canton B est situé sur un coteau exposé au midi. le sol est peu profond. Cette partie de la propriété doit être maintenue en nature de bois.
12	7,20	22	
13	7,20	21	Année moyenne, les coupes effectuées à 25 ans rapportent 900 fr. par hectare. On a constaté qu'à 20 ans, l'hectare pourrait rapporter 700 fr.; à 30 ans, 1,100 fr.
14	7,20	20	
15	7,20	19	
16	7,20	18	La chasse est louée en moyenne 50 fr. par an.
17	7,20	17	Les concessions de divers produits, faites à divers riverains, rapportent annuellement 30 fr.
18	7,20	16	
19	7,20	15	Les frais annuels sont par hectare :
20	7,20	14	Pour impôts. . . . . 5 »
			Pour entretien 0 60
21	7,20	13	Surveillance. . . . . 2 »
22	7,20	12	
23	7,20	11	
24	7,20	10	
25	7,35	9	
	108,00		

I. — CANTON A.

Nous avons les éléments nécessaires pour comparer les revenus qu'on pourrait réaliser :

1° En maintenant le sol en nature de bois et en exploitant, comme par le passé à 25 ans, ou bien à une révolution plus longue ou plus courte;

2° En opérant le défrichement du bois, soit immédiatement, soit à mesure que les taillis deviendront exploitables, ou susceptibles d'une valeur vénale, afin d'affermer comme terre arable.

D'après nos renseignements :

à 20 ans l'hectare rapporterait   950 fr.
à 25 —   —   1200
à 30 —   —   1800

On trouve dans la table VI, qu'il faudrait que les revenus à 20 ans, ou à 30 ans, pour être plus avantageux que ceux à 25 ans, fussent supérieurs, dans le premier cas, à $1200 \times 0{,}715 = 858$ fr., et dans le second cas, à $1200 \times 1{,}347 = 1616$ fr. Il résulte de là qu'il serait plus avantageux d'exploiter à 20 ans, ou à 30 ans, qu'à 25 ans ; pour décider entre ces deux âges, on supposera que la révolution actuelle est de 20 ans, et la table VI indiquera encore que pour préférer l'âge de 30 ans à celui de 20 ans, il faudra que le revenu à 30 ans, dépasse :

$$950 \times 1{,}883 = 1788^{\mathrm{f}}{,}85.$$

C'est précisément ce qui arrive puisque le revenu que l'on toucherait serait de 1800 fr.

Nous plaçant d'abord dans l'hypothèse que le canton est maintenu en nature de bois, nous calculerons sa valeur en prenant pour base une exploitation à une révolution de 30 ans, puisque c'est celle qui paraît la plus avantageuse au point de vue du profit.

Le canton A envisagé isolément et tel qu'il est constitué n'est pas susceptible de revenus uniformes et continus. Il y a donc lieu d'estimer séparément *la superficie*, ou ce qu'on est convenu d'appeler de ce nom et *le fonds*.

Examinons d'abord le cas où l'on voudrait tirer du bois le plus grand produit, c'est-à-dire le cas où l'on attendrait que chaque coupe ait atteint l'âge de 30 ans.

Les six premières coupes rapporteront dans 22 ans et pendant 6 ans un revenu annuel égal à $7,20 \times 1800 = 12960$ fr. La table V permet de calculer cette valeur, on a :

$$12960 \times (16,330 - 14,405) = 24948 \text{ fr.}$$

Les quatre dernières coupes rapporteront dans 28 ans, pendant 2 ans, $2 \times 12960 = 25920$ fr. La table V donne pour cette valeur :

$$25920 \times (16,986 - 16,330) = 17003 \text{ fr.}$$

La valeur superficielle sera donc :

$$24948 + 17003 = 41951 \text{ fr.}$$

Telle est la valeur actuelle des coupes sur toute l'étendue du canton; cette valeur revenant périodiquement tous les 30 ans, donne pour valeur du fonds. Table III :

$$41951 \times 0,4457 = 18698 \text{ fr.}$$

En outre, la chasse rapportant 50 fr. par an, et ce produit étant à un revenu à percevoir chaque année, la table IV donne :

$$50 \times 25 = 1250 \text{ fr.}$$

En résumé, la valeur brute du canton est de :

$$1° \text{ Superficie.} \ldots \ldots \ldots \ldots \quad 41951 \text{ fr.}$$
$$2° \text{ Fonds.} \ldots \ldots \ldots \ldots \ldots \quad 18698$$
$$3° \text{ Accessoires.} \ldots \ldots \ldots \ldots \quad 1250$$

$$\text{Total.} \ldots \quad 61899$$

De cette somme, il faut déduire le capital correspondant aux frais annuels d'impôts de garde et d'entretien.

$$8^{f},50 \times 72 \times 25 = 15300 \text{ fr.}$$

La valeur nette du canton A, en supposant que l'on continue à en faire une propriété boisée, serait donc de :

$$61899 \text{ fr.} - 15300 = 46599 \text{ fr.}$$

Examinons, maintenant l'hypothèse dans laquelle on admet le défrichement du canton A. L'opération du défrichement peut être entreprise immédiatement sur toute l'étendue du canton, ou n'être poussée qu'au fur et à mesure que les bois de 8 ans et au-dessous deviendront exploitables.

Dans le premier cas, l'estimation s'établirait comme il suit :

1° Valeur des arbres de futaie. . . . .   12600 fr.

2° Valeur du taillis (mémoire, les produits payent la façon). . . . .   »

3° Fermage des 72 hectares de terre à 75 fr. l'un constituant un revenu qu'on ne touchera qu'à la fin de la 2ᵉ année. Table IV. . . . . .

$$5400 \times 24,038 = 129800 \text{ . . . . . . } \quad 129800$$

$$\overline{ 142400}$$

De cette somme il faut déduire :

1° Frais de défrichement 72 × 200.   14400ᶠ

2° Construction de bâtiments de ferme, etc.   25000

3° Entretien des bâtiments, assurances, etc., formant une dépense annuelle de 200 fr., ci..   5000

4° Frais de garde, 144 fr. par an, ci.   3600

} 48000

Reste net.   94400

Discutons enfin la question dans l'hypothèse où le défrichement serait entrepris, de façon à n'être pas effectué entièrement en une année. On pourra, dans tous les cas, défricher immédiatement les coupes nᵒˢ 10, 9, 8, 7 et même 6, qui n'ont que de 1 à 3 ans ; quant aux cinq autres, on devra les réaliser aussitôt qu'elles auront une valeur vénale, à 15 ans, par exemple. nous supposerons qu'elles donneront 500 fr. par hectare.

Dans ces nouvelles conditions, l'estimation s'établira comme il suit :

1° Valeur des arbres de futaie de la partie à défricher immédiatement. . . . .   6300 fr.

2° Revenu de 7,2 × 500 = 3600 à toucher dans 7 ans, pendant 5 ans. Application de la table V, 3600 (8,760 — 5,242) = ...   12665

3° 36 hectares affermés à raison de 75 fr., constituant un revenu de 2700 fr. à toucher annuellement à partir de la fin de la 2ᵉ année. Application de la table IV, 2700 × 24,038 =   64902

A Reporter.. . . . .   83867 fr.

Report.............	83867 fr.

4° Affermage chaque année depuis la 8° année pendant 5 ans, de 7^h,20^a à 75 fr., constituant des revenus annuels de 540 qui seront touchés pour la première fois, à la fin de la 9°, de la 10°..... de la 13° année. Application du tarif IV :

$$\left. \begin{array}{l} 18,267 \\ +\ 17,565 \\ +\ 16,889 \\ +\ 16,240 \\ +\ 15,615 \end{array} \right\} = 84,576 \times 540 = ..\qquad 45671$$

Total.........	129538 fr.

Dépenses à déduire :

1° Défrichement de 36 hectares à 200 fr. .... 7200^f

2° Même dépense à faire dans un délai de 10 ans en moyenne. Emploi de la table II, 7200 $\times$ 0,676.   4867

3° Constructions.......... 25000

4° Entretien, assurance, etc. . .   5000

5° Garde, etc. 1800

$$\left. \begin{array}{l}\ \\ \ \\ \ \\ \ \\ \ \end{array}\right\} \quad 43867 \text{ fr.}$$

Reste net.......	85671 fr.

Si l'on disposait des fonds nécessaires, il n'est pas douteux que l'acquéreur devrait opérer le défrichement dans le plus bref délai possible.

II. — CANTON B.

Ce canton n'est pas susceptible d'être défriché. Jusqu'à présent, les coupes exploitées à 25 ans ont produit 900 fr. par hectare. Pour qu'il y ait avantage à exploiter, soit à 20 ans, soit à 30 ans, il faudrait que les coupes rapportassent plus de (Application de la table VI) :

à 20 ans $900 \times 0,715 = 643^f,50$
à 30 ans $900 \times 1,345 = 1210,50$

Or, d'après nos renseignements, cette condition ne sera remplie que par l'exploitation à 20 ans, qui donnera 700 fr. par hectare exploitable.

Le canton B est composé de 15 coupes de $7^h,20$ environ, âgées de 9 à 23 ans; il n'est donc pas dans les conditions pour fournir un revenu uniforme, annuel ou périodique :

1° Estimation du bois dans l'hypothèse où l'on n'aspire pas à un revenu uniforme.

La superficie se compose de 4 coupes ayant atteint ou dépassé l'âge de 20 ans et qui sont immédiatement exploitables. Leur valeur actuelle, tirée d'évaluations sur pied, a été trouvée de, ci . . . .   23000 fr.

Les onze autres coupes constituent une série de revenus égaux, à toucher une seule fois, à partir de la fin de la première année pendant onze ans; or, chaque revenu vaut $7^f,20 \times 700$ fr. $= 5040$ fr.; leur valeur actuelle sera :

(Emploi de la table V) $5040 \times 8,760 = $ . . .   44150
                                                        —————
Valeur de la superficie . . . . . .   67150 fr.

Quant à la valeur du fonds, on l'obtiendra ainsi :

La première partie rapportera dans
20 ans, 28,8 × 700 . . . . = 20160 fr.
et ainsi de suite périodiquement; sa
valeur actuelle sera donc :
(Emploi de la table III) 20160 × 0,839 = 16914
Quant aux onze autres coupes, nous
savons qu'elles vaudront au début de
chaque période, 44150 fr.; la valeur
du fonds, dans 20 ans, de ces onze
coupes sera donc actuellement de :
(Emploi de la table III)
  44150 × 0,8395. . . . . . = 37064
           —————
         53978 53978 fr.

Revenu de la chasse 50ᶠ ⎫
 — des concessions 30 ⎭ 80ᶠ × 25 2000
             —————

Total de la superficie et du fonds. 123128
A déduire :
Impôts, entretien, surveillance : dépense
annuelle de 820ᶠ,80 (Emploi de la table IV)
  820,80 × 25 . . . . = 20520
             —————

  Reste. 102608

2° Estimation dans l'hypothèse d'une ré...larisation
immédiate des peuplements, de façon q... ls soient
en état de produire pendant toute la seco... e révolution, un revenu annuel uniforme.

Chaque coupe, au lieu de 7ʰ,20 aura sur ... le terrain
5ʰ40; il est facile de se rendre compte :

1° Que trois coupes anciennes en comprendront quatre nouvelles ;

2° Que pendant tout le cours de la première révolution de 20 ans, les coupes auront 23 et 24 ans ; si l'on a constaté qu'à l'âge moyen où on les exploitera elles vaudront en moyenne 800 francs l'hectare, chaque coupe vaudra 4320 francs.

Ce revenu étant perçu dès la fin de la première année, pendant 20 ans, constituera la valeur actuelle suivante :

(Emploi de la table V) 4320 $\times$ 13,590. . = 58709 fr.

Il est évident qu'à l'expiration de la première révolution, on touchera un revenu uniforme annuel égal à 5,40 $\times$ 700 = 3780^f, la valeur du fonds dans 20 ans est actuellement (Emploi de la table IV) 3780 $\times$ 11,866 = 44853

$$
\begin{array}{lr}
\text{Total . . . .} & 103562 \\
\text{Chasse, etc. . . . .} & 2000 \\
\hline
\text{Total . . . .} & 105562 \\
\text{A déduire. . . . .} & 20520 \\
\hline
\text{Reste net . . . . . .} & 85042 \\
\end{array}
$$

En résumé, la propriété que nous avons examinée vaut :

1° Pour un acquéreur ayant des fonds disponibles et ne tenant pas à retirer de la propriété des revenus uniformes.

I. Canton A . . . . 94400^f ⎫
II. Canton B . . . . 102608 ⎭ 197008 fr.

2° Pour un acquéreur n'ayant pas de fonds en suffi-

sante quantité pour opérer un défrichement complet
la première année :

I. Canton A . . . .   85671^r ⎱
II. Canton B . . . .   102608 ⎰ 188279 fr.

3° Pour un acquéreur qui tiendrait à un revenu
annuel uniforme :

I. Canton A . . . .   85671^r ⎱
II. Canton B . . . .   85042 ⎰ 170713 fr.

Il est évident qu'en introduisant d'autres conditions
que celles que nous avons indiquées, on arriverait à
des prix d'estimation différents.

TABLE PREMIÈRE.

Valeur, à l'expiration d'un certain nombre d'années, d'une somme de 1 franc placée à intérêts composés.

$$A = C\,(1 + r)^n.$$

Années	TAUX DE L'INTÉRÊT r.				
n	3	3 1/2	4	4 1/2	5
1	1,0300	1,0350	1,0400	1,0450	1,0500
2	1,0609	1,0712	1,0816	1,0920	1,1025
3	1,0927	1,1087	1,1249	1,1411	1,1576
4	1,1255	1,1475	1,1699	1,1925	1,2155
5	1,1593	1,1877	1,2167	1,2462	1,2763
6	1,1941	1,2293	1,2654	1,3023	1,3401
7	1,2299	1,2723	1,3160	1,3609	1,4071
8	1,2668	1,3168	1,3686	1,4221	1,4775
9	1,3048	1,3629	1,4233	1,4861	1,5514
10	1,3439	1,4106	1,4802	1,5530	1,6290
11	1,3842	1,4600	1,5394	1,6229	1,7104
12	1,4258	1,5111	1,6010	1,6959	1,7959
13	1,4685	1,5640	1,6650	1,7722	1,8857
14	1,5126	1,6187	1,7315	1,8519	1,9800
15	1,5580	1,6753	1,8009	1,9352	2,0790
16	1,6047	1,7339	1,8729	2,0224	2,1829
17	1,6528	1,7946	1,9478	2,1134	2,2920
18	1,7024	1,8574	2,0257	2,2085	2,4066
19	1,7535	1,9224	2,1067	2,3078	2,5269
20	1,8061	1,9897	2,1910	2,4117	2,6533
21	1,8603	2,0593	2,2786	2,5202	2,7860
22	1,9161	2,1315	2,3699	2,6336	2,9253
23	1,9736	2,2061	2,4647	2,7521	3,0716
24	2,0328	2,2833	2,5633	2,8760	3,2251
25	2,0938	2,3632	2,6658	3,0054	3,3863
26	2,1566	2,4459	2,7725	3,1407	3,5557
27	2,2213	2,5316	2,8834	3,2820	3,7334
28	2,2879	2,6202	2,9987	3,4297	3,9201
29	2,3565	2,7119	3,1186	3,5840	4,1161
30	2,4272	2,8068	3,2234	3,7453	4,3219
31	2,5000	2,9050	3,3731	3,9139	4,5380
32	2,5751	3,0067	3,5080	4,0900	4,7649
33	2,6523	3,1119	3,6484	4,2740	5,0032
34	2,7319	3,2208	3,7943	4,4664	5,2533
35	2,8139	3,3335	3,9461	4,6673	5,5160
36	2,8983	3,4503	4,1039	4,8774	5,7918
37	2,9852	3,5711	4,2681	5,0969	6,0814
38	3,0748	3,6961	4,4388	5,3262	6,3855
39	3,1670	3,8255	4,6164	5,5659	6,7047
40	3,2620	3,9592	4,8010	5,8164	7,0400
41	3,3600	4,0978	4,9931	6,0781	7,3920
42	3,4608	4,2412	5,1928	6,3516	7,7616
43	3,5646	4,3896	5,4005	6,6374	8,1497
44	3,6714	4,5433	5,6165	6,9361	8,5571
45	3,7815	4,7022	5,8412	7,2482	8,9850
46	3,8949	4,8669	6,0748	7,5744	9,4343
47	4,0117	5,0372	6,3178	7,9153	9,9060
48	4,1322	5,2136	6,5706	8,2715	10,4013
49	4,2562	5,3961	6,8333	8,6437	10,9213
50	4,3839	5,5850	7,1067	9,0326	11,4674

TABLE II.

Valeur actuelle d'une somme de 1 franc à percevoir dans un certain nombre d'années.

$$C = A \times \frac{1}{(1+r)^{n}}.$$

Années n	\ TAUX DE L'INTÉRÊT r.				
	3	3 1/2	4	4 1/2	5
1	0,9709	0,9662	0,9615	0,9569	0,9524
2	0,9426	0,9335	0,9246	0,9157	0,9070
3	0,9151	0,9019	0,8890	0,8763	0,8638
4	0,8885	0,8714	0,8548	0,8386	0,8227
5	0,8626	0,8420	0,8219	0,8024	0,7835
6	0,8375	0,8135	0,7903	0,7679	0,7462
7	0,8131	0,7860	0,7599	0,7348	0,7107
8	0,7894	0,7594	0,7307	0,7032	0,6768
9	0,7664	0,7337	0,7026	0,6729	0,6446
10	0,7441	0,7089	0,6756	0,6439	0,6139
11	0,7224	0,6849	0,6496	0,6162	0,5847
12	0,7014	0,6618	0,6246	0,5897	0,5568
13	0,6809	0,6394	0,6006	0,5643	0,5303
14	0,6611	0,6178	0,5775	0,5400	0,5051
15	0,6419	0,5969	0,5553	0,5167	0,4810
16	0,6232	0,5767	0,5339	0,4945	0,4581
17	0,6050	0,5572	0,5134	0,4732	0,4363
18	0,5874	0,5384	0,4936	0,4528	0,4155
19	0,5703	0,5201	0,4746	0,4333	0,3957
20	0,5537	0,5026	0,4564	0,4146	0,3769
21	0,5375	0,4856	0,4388	0,3968	0,3589
22	0,5219	0,4691	0,4219	0,3797	0,3418
23	0,5067	0,4533	0,4057	0,3633	0,3256
24	0,4919	0,4380	0,3901	0,3477	0,3101
25	0,4776	0,4231	0,3751	0,3327	0,2953
26	0,4637	0,4088	0,3607	0,3184	0,2812
27	0,4502	0,3950	0,3468	0,3047	0,2678
28	0,4371	0,3816	0,3335	0,2916	0,2551
29	0,4243	0,3687	0,3206	0,2790	0,2429
30	0,4120	0,3563	0,3083	0,2670	0,2314
31	0,4000	0,3442	0,2965	0,2555	0,2204
32	0,3883	0,3326	0,2851	0,2445	0,2099
33	0,3770	0,3213	0,2741	0,2340	0,1999
34	0,3660	0,3105	0,2635	0,2239	0,1903
35	0,3554	0,3000	0,2534	0,2142	0,1813
36	0,3450	0,2898	0,2437	0,2050	0,1726
37	0,3350	0,2800	0,2343	0,1962	0,1644
38	0,3252	0,2706	0,2253	0,1877	0,1566
39	0,3157	0,2614	0,2166	0,1797	0,1491
40	0,3065	0,2526	0,2083	0,1719	0,1420
41	0,2976	0,2440	0,2003	0,1645	0,1353
42	0,2890	0,2358	0,1926	0,1574	0,1288
43	0,2805	0,2278	0,1852	0,1507	0,1227
44	0,2724	0,2201	0,1780	0,1442	0,1169
45	0,2644	0,2127	0,1712	0,1380	0,1113
46	0,2567	0,2055	0,1646	0,1320	0,1060
47	0,2493	0,1985	0,1583	0,1263	0,1009
48	0,2420	0,1918	0,1522	0,1209	0,0961
49	0,2349	0,1853	0,1463	0,1157	0,0916
50	0,2281	0,1790	0,1407	0,1107	0,0872

TABLE III.

Valeur actuelle du capital correspondant à un revenu de 1 franc à toucher à perpétuité, à l'expiration de périodes d'égale durée.

$$C = A \times \frac{1}{(1 + r)^n - 1}.$$

Années n	TAUX DE L'INTÉRÊT r.				
	3	3 1/2	4	4 1/2	5
1	33, 3333	28, 5714	25, 0000	22, 2222	20, 0000
2	16, 4204	14, 0400	12, 2549	10, 8666	9, 7561
3	10, 7843	9, 1981	8, 0087	7, 0838	6, 3442
4	7, 9666	6, 7786	5, 8872	5, 1943	4, 6402
5	6, 2785	5, 3280	4, 6157	4, 0620	3, 6195
6	5, 1532	4, 3619	3, 3862	3, 3084	2, 9403
7	4, 3502	3, 6727	3, 1652	2, 7711	2, 4564
8	3, 7485	3, 1565	2, 7132	2, 3691	2, 0944
9	3, 2811	2, 7556	2, 3623	2, 0572	1, 8138
10	2, 9077	2, 4355	2, 0823	1, 8084	1, 5901
11	2, 6026	2, 1740	1, 8537	1, 6055	1, 4078
12	2, 3515	1, 9567	1, 6638	1, 4370	1, 2565
13	2, 1343	1, 7732	1, 5036	1, 2950	1, 1291
14	1, 9509	1, 6163	1, 3667	1, 1738	1, 0205
15	1, 7922	1, 4807	1, 2485	1, 0692	0, 9268
16	1, 6537	1, 3624	1, 1455	0, 9781	0, 8454
17	1, 5317	1, 2584	1, 0550	0, 8982	0, 7740
18	1, 4236	1, 1662	0, 9748	0, 8275	0, 7109
19	1, 3271	1, 0840	0, 9035	0, 7646	0, 6549
20	1, 2405	1, 0103	0, 8395	0, 7084	0, 6048
21	1, 1624	0, 9439	0, 7820	0, 6578	0, 5599
22	1, 0916	0, 8838	0, 7300	0, 6121	0, 5194
23	1, 0271	0, 8291	0, 6827	0, 5707	0, 4827
24	0, 9682	0, 7792	0, 6397	0, 5330	0, 4495
25	0, 9143	0, 7335	0, 6003	0, 4986	0, 4190
26	0, 8646	0, 6916	0, 5642	0, 4671	0, 3913
27	0, 8188	0, 6529	0, 5310	0, 4382	0, 3658
28	0, 7764	0, 6172	0, 5003	0, 4116	0, 3424
29	0, 7371	0, 5841	0, 4720	0, 3870	0, 3209
30	0, 7006	0, 5535	0, 4457	0, 3642	0, 3010
31	0, 6666	0, 5250	0, 4214	0, 3432	0, 2826
32	0, 6349	0, 4983	0, 3987	0, 3236	0, 2656
33	0, 6052	0, 4735	0, 3776	0, 3054	0. 2498
34	0, 5774	0, 4503	0, 3579	0, 2885	0, 2351
35	0, 5513	0, 4285	0, 3394	0, 2727	0, 2214
36	0, 5268	0, 4081	0, 3222	0, 2579	0, 2087
37	0, 5037	0, 3889	0, 3060	0, 2441	0, 1968
38	0, 4820	0, 3709	0, 2915	0, 2311	0, 1857
39	0, 4615	0, 3539	0, 2765	0, 2191	0, 1733
40	0, 4421	0, 3379	0, 2631	0, 2076	0, 1656
41	0, 4237	0, 3228	0, 2504	0, 1969	0, 1564
42	0, 4064	0, 3085	0, 2385	0, 1869	0, 1479
43	0, 3899	0, 2950	0, 2272	0. 1774	0, 1399
44	0, 3743	0, 2822	0, 2166	0, 1685	0, 1323
45	0, 3595	0, 2701	0, 2066	0, 1600	0, 1252
46	0, 3454	0, 2586	0, 1970	0, 1521	0, 1186
47	0, 3320	0, 2477	0, 1880	0, 1446	0, 1123
48	0, 3193	0, 2373	0, 1795	0, 1375	0, 1064
49	0, 3071	0, 2275	0, 1714	0, 1308	0, 1008
50	0, 2956	0,2181	0, 1637	0, 1245	0, 0955

TABLE IV.

Valeur actuelle d'un capital correspondant à un revenu annuel de 1 fr., qu'on ne doit commencer à toucher qu'après un certain nombre d'années.

$$A = C \times \frac{1}{r} \left(\frac{1}{1+r} \right)^{n-1}$$

Années	TAUX DE L'INTÉRÊT r.				
n	3	3 1/2	4	4 1/2	5
1	33, 3333	28, 5714	25, 0000	22, 2222	20, 0000
2	32, 3625	27, 6052	24, 0383	21, 2653	19, 0476
3	31, 4199	26, 6717	23, 1139	20, 3495	18, 1406
4	30, 5047	25, 7698	22, 2249	19, 4732	17, 2767
5	29, 6162	24, 8983	21, 3701	18, 6347	16, 4540
6	28, 7536	24, 0564	20, 5482	17, 8322	15, 6705
7	27, 9161	23, 2429	19, 7579	17, 0643	14, 9243
8	27, 1030	22, 4569	18, 9979	16, 3295	14, 2136
9	26, 3136	21, 6975	18, 2672	15, 6263	13, 5368
10	25, 5470	20, 9637	17, 5647	14, 9534	12, 8922
11	24, 8031	20, 2548	16, 8891	14, 3095	12, 2783
12	24, 0807	19, 5699	16, 2395	13, 6933	11, 6936
13	23, 3793	18, 9081	15, 6149	13, 1036	11, 1367
14	22, 6984	18, 2687	15, 0143	12, 5394	10, 6064
15	22, 0373	17, 6509	14, 4369	11, 9994	10, 1014
16	21, 3954	17, 0540	13, 8816	11, 4827	9, 6203
17	20, 7722	16, 4773	13, 3477	10, 9882	9, 1622
18	20, 1673	15, 9201	12, 8343	10, 5150	8, 7259
19	19, 5708	15, 3817	12, 3407	10, 0622	8, 3104
20	19, 0095	14, 8616	11, 8661	9, 6289	7, 9147
21	18, 4559	14, 3590	11, 4097	9, 2143	7, 5378
22	17, 9183	13, 8734	10, 9708	8, 8175	7, 1788
23	17, 3964	13, 4043	10, 5489	8, 4378	6, 8370
24	16, 8897	12, 9510	10, 1432	8, 0744	6, 5114
25	16, 3978	12, 5131	9, 7530	7, 7267	6, 2014
26	15, 9202	12, 0899	9, 3779	7, 3940	5, 9060
27	15, 4565	11, 6811	9, 0172	7, 0756	5, 6248
28	15, 0063	11, 2861	8, 6704	6, 7709	5, 3570
29	14, 5692	10, 9044	8, 3369	6, 4793	5, 1019
30	14, 1449	10, 5357	8, 0163	6, 2003	4, 8589
31	13, 7329	10, 1794	7, 7080	5, 9333	4, 6275
32	13, 3329	9, 8351	7, 4115	5, 6778	4, 4072
33	12, 9446	9, 5026	7, 1264	5, 4333	4, 1973
34	12, 5675	9, 1812	6, 8523	5, 1994	3, 9974
35	12, 2015	8, 8707	6, 5888	4, 9755	3, 8071
36	11, 8461	8, 5708	6, 3354	4, 7612	3, 6258
37	11, 5011	8, 2809	6, 0917	4, 5562	3, 4531
38	11, 1661	7, 0009	5, 8574	4, 3600	3, 2887
39	10, 8409	7, 7303	5, 6321	4, 1722	3, 1321
40	10, 5251	7, 4689	5, 4155	3, 9926	2, 9829
41	10, 2186	7, 2163	5, 2072	3, 8206	2, 8409
42	9, 9213	6, 9723	5, 0069	3, 6561	2, 7056
43	9, 6320	6, 7365	4, 8144	3, 4987	2, 5770
44	9, 3514	6, 5087	4, 6292	3, 3480	2, 4541
45	9, 0791	6, 2886	4, 4512	3, 2038	2, 3372
46	8, 8146	6, 0760	4, 2800	3, 0659	2, 2259
47	8, 5579	5, 8705	4, 1153	2, 9338	2, 1199
48	8, 3086	5, 6720	3, 9571	2, 8075	2, 0190
49	8, 0666	5, 4802	3, 8049	2, 6866	1, 9228
50	7, 8317	5, 2949	3, 6585	2, 5709	1, 8313

TABLE V.

Valeur actuelle d'un revenu annuel égal à 1 franc,
qu'on doit toucher pendant un certain nombre d'années.

$$A = C \times \frac{1}{r} \left[1 - \frac{1}{(1+r)^n} \right].$$

Années	TAUX DE L'INTÉRÊT r.				
n	3	3 1/2	4	4 1/2	5
1	0,9709	0,9662	0,9615	0,9569	0,9524
2	1,9135	1,8997	1,8861	1,8727	1,8594
3	2,8286	2,8016	2,7751	2,7490	2,7232
4	3,7171	3,6731	3,6299	3,5875	3,5459
5	4,5797	4,5150	4,4518	4,3900	4,3295
6	5,4172	5,3285	5,2421	5,1579	5,0757
7	6,2303	6,1145	6,0020	5,8927	5,7864
8	7,0197	6,8739	6,7327	6,5959	6,4632
9	7,7861	7,6077	7,4353	7,2688	7,1078
10	8,5302	8,3166	8,1109	7,9127	7,7217
11	9,2526	9,0015	8,7605	8,5289	8,3064
12	9,9540	9,6633	9,3851	9,1186	8,8632
13	10,6349	10,3027	9,9856	9,6828	9,3936
14	11,2961	10,9205	10,5631	10,2228	9,8986
15	11,9379	11,5174	11,1184	10,7395	10,3797
16	12,5611	11,0941	11,6523	11,2340	10,8378
17	13,1661	12,6513	12,1657	11,7072	11,2741
18	13,7535	13,1897	12,6593	12,1600	11,6896
19	14,3238	13,7098	13,1339	12,5933	12,0853
20	14,8775	14,2124	13,5903	13,0079	12,4622
21	14,4150	14,6980	14,0292	13,4047	12,8211
22	15,9369	15,1671	14,4511	13,7844	13,1630
23	16,4436	15,6204	14,8568	14,1478	13,4886
24	16,9355	16,0584	15,2470	14,4955	13,7986
25	17,4131	16,4815	15,6221	14,8282	14,0939
26	17,8768	16,8903	15,9828	15,1466	14,3752
27	18,3270	17,2854	16,3296	15,4513	14,6430
28	18,7641	17,6670	16,6631	15,7429	14,8981
29	19,1884	18,0358	16,9837	16,0219	15,1411
30	19,6004	18,3920	17,2920	16,2889	15,3724
31	20,0004	18,7363	17,5885	16,5444	15,5928
32	20,3888	19,0689	17,8735	16,7889	15,8027
33	20,7658	19,3902	18,1476	17,0229	15,0025
34	21,1318	19,7007	18,4112	17,2467	16,1929
35	21,4872	20,0007	18,6646	17,4610	16,3742
36	21,8322	20,2905	18,9083	17,6660	16,5468
37	22,1672	20,5705	19,1426	17,8622	16,7113
38	22,4925	20,8411	19,3679	18,0500	16,8679
39	22,8082	21,1025	19,5843	18,2296	17,0170
40	23,1148	21,3551	19,7928	18,4016	17,1591
41	23,4124	21,5991	19,9930	18,5681	17,2944
42	23,7014	21,8349	20,1856	18,7235	17,4232
43	23,9819	22,0627	20,3708	18,8742	17,5459
44	24,2543	22,2828	20,5488	19,0184	17,6628
45	24,5187	22,4954	20,7200	19,1563	17,7741
46	24,7754	22,7009	20,8846	19,2884	17,8801
47	25,0247	22,8994	21,0429	19,4147	17,9810
48	25,2667	23,0912	21,1951	19,5356	18,0772
49	25,5016	23,2766	21,3415	19,6513	18,1687
50	25,7298	23,4556	21,4822	19,7620	18,2559

TABLE VI.

Servant à déterminer l'époque d'exploitabilité correspondant au revenu en argent le plus avantageux, eu égard au taux d'intérêt de 4 p. 100.

TERME DE l'exploitabilité.	AGE DE LA RÉVOLUTION ACTUELLE.									
	10 ans.	11 ans.	12 ans.	13 ans.	14 ans.	15 ans.	16 ans.	17 ans.	18 ans.	19 ans.
10	1,000	0,890	0,799	0,722	0,657	0,599	»	»	»	»
11	1,123	1,000	0,898	0,811	0,737	0,673	»	»	»	»
12	1,251	1,114	1,000	0,904	0,822	0,750	»	»	»	»
13	1,385	1,233	1,106	1,000	0,909	0,830	»	»	»	»
14	1,524	1,356	1,217	1,100	1,000	0,913	»	»	»	»
15	1,668	1,485	1,332	1,204	1,095	1,000	0,917	0,837	0,781	0,724
16	1,818	1,618	1,452	1,313	1,193	1,090	1,000	0,921	0,851	0,789
17	1,974	1,757	1,577	1,425	1,295	1,183	1,086	1,000	0,924	0,856
18	2,136	1,902	1,707	1,542	1,402	1,281	1,175	1,082	1,000	0,927
19	2,305	2,052	1,840	1,664	1,513	1,382	1,268	1,168	1,079	1,000
20	2,480	2,208	1,982	1,791	1,628	1,488	1,364	1,257	1,161	1,076
21	2,663	2,370	2,127	1,923	1,748	1,596	1,465	1,349	1,247	1,155
22	2,852	2,539	2,279	2,060	1,872	1,710	1,569	1,445	1,335	1,237
23	3,050	2,715	2,437	2,202	2,002	1,829	1,678	1,545	1,428	1,323
24	3,255	2,898	2,601	2,350	2,136	1,952	1,791	1,649	1,524	1,412
25	3,469	3,088	2,772	2,505	2,277	2,080	1,908	1,757	1,624	1,505
26	3,691	3,286	2,949	2,665	2,422	2,214	2,030	1,870	1,728	1,601
27	3,921	3,491	3,134	2,832	2,574	2,351	2,157	1,987	1,836	1,701
28	4,162	3,705	3,325	3,005	2,731	2,495	2,290	2,108	1,948	1,806
29	4,412	3,927	3,525	3,185	2,900	2,645	2,427	2,235	2,065	1,914
30	4,671	4,159	3,733	3,373	3,066	2,801	2,580	2,367	2,187	2,027
31	4,941	4,399	3,948	3,568	3,243	2,963	2,718	2,504	2,311	2,144
32	5,223	4,649	4,173	3,771	3,438	2,131	2,873	2,646	2,445	2,266
33	5,515	4,909	4,406	3,982	3,620	3,307	3,034	2,794	2,582	2,393
34	5,818	5,180	4,649	4,201	3,819	3,489	3,201	2,948	2,724	2,525
35	6,134	5,464	4,902	4,430	4,026	3,678	3,375	3,108	2,872	2,662

TABLE VI (*Suite*).

TERME DE l'exploitabilité.	AGE DE LA RÉVOLUTION ACTUELLE.										
	20 ans.	21 ans.	22 ans.	23 ans.	24 ans.	25 ans.	26 ans.	27 ans.	28 ans.	29 ans.	30 ans.
10	»	»	»	»	»	»	»	»	»	»	»
11	»	»	»	»	»	»	»	»	»	»	»
12	»	»	»	»	»	»	»	»	»	»	»
13	»	»	»	»	»	»	»	»	»	»	»
14	»	»	»	»	»	»	»	»	»	»	»
15	0,672	»	»	»	»	»	»	»	»	»	»
16	0,733	»	»	»	»	»	»	»	»	»	»
17	0,796	»	»	»	»	»	»	»	»	»	»
18	0,861	»	»	»	»	»	»	»	»	»	»
19	0,929	«	»	»	»	»	»	»	»	»	»
20	1,000	0,931	0,869	0,813	0,762	0,715	»	»	»	»	»
21	1,074	1,000	0,933	0,873	0,818	0,767	»	»	»	»	»
22	1,150	1,071	1,000	0,935	0,876	0,822	»	»	»	»	»
23	1,230	1,145	1,069	1,000	0,937	0,879	»	»	»	»	»
24	1,312	1,222	1,141	1,067	1,000	0,938	»	»	»	»	»
25	1,398	1,303	1,216	1,137	1,065	1,000	0,940	0,884	0,833	0,786	0,742
26	1,488	1,386	1,294	1,230	1,134	1,064	1,000	0,941	0,885	0,837	0,790
27	1,581	1,473	1,375	1,286	1,205	1,131	1,063	1,000	1,942	0,889	0,839
28	1,678	1,563	1,459	1,364	1,278	1,200	1,128	1,061	1,000	0,944	0,891
29	1,779	1,657	1,546	1,446	1,355	1,272	1,195	1,125	1,060	1,000	0,944
30	1,883	1,754	1,638	1,532	1,435	1,347	1,266	1,191	1,122	1,059	1,000
31	1,992	1,856	1,732	1,620	1,518	1,475	1,339	1,260	1,188	1,120	1,058
32	2,106	1,976	1,831	1,712	1,604	1,505	1,415	1,332	1,255	1,184	1.118
33	2,223	2,087	1,933	1,808	1,694	1,590	1,494	1,406	1,325	1,250	1,180
34	2,346	2,185	2,040	1,908	1,787	1,677	1,576	1,484	1,398	1,318	1,246
35	2,473	2,304	2,150	2,011	1,884	1,768	1,662	1,564	1,475	1,390	1,313

APPENDICE

TARIFS LINÉAIRES

Les tarifs linéaires donnent, dans [beaucoup de cas, des résultats suffisamment approximatifs; réduits à de certaines dimensions, ils sont logeables dans tous les portefeuilles et faciles à consulter, tout en fournissant des renseignements variés. Nous avons dressé deux tarifs de cette nature pour le cubage rapide des bois sur pied, ou des bois abattus. Il nous reste à donner quelques explications sur la manière de s'en servir.

Le premier de ces tarifs (pl. I, fig. 1 et 2) donne le volume, à un décistère près, des arbres sur pied dont on connaît la circonférence à 1^m,50 du sol et la hauteur de la partie de la tige propre au bois d'œuvre. Ce tarif comporte (fig. 1) trois échelles : 1° l'échelle des circonférences à 1^m,50 du sol ; 2° l'échelle des hauteurs ; 3° l'échelle des volumes.

L'échelle des circonférences est divisée par des obliques convergentes ; chaque division marque un multiple du décimètre, depuis 1 mètre jusqu'à 5 mètres (fig. 1), depuis 0^m,5 jusqu'à 1 mètre (fig. 2).

L'échelle des hauteurs est divisée par des horizontales, chaque division marque un multiple du mètre de 4 à 12 mètres, ou de 4 à 15 mètres, suivant le mode de cubage (cylindrique ou au quart sans déduction) ; on a dressé, en effet, dans ce tarif deux échelles de hauteurs, l'une correspondant au cubage en grume

sur écorce, l'autre correspondant au cubage au quart
sans déduction.

L'échelle des volumes est divisée par des obliques
parallèles, chaque division marque un multiple du
double décistère ou cinquième du mètre cube (fig. 1),
ou un multiple du double centistère, ou cinquième
du décistère (fig. 2).

Connaissant la circonférence d'un arbre sur pied,
mesurée à $1^m,50$ du sol et sa hauteur, on en déduit
le volume au moyen de ce tarif de la manière suivante :
on cherche le point de rencontre de l'oblique convergente marquant la circonférence donnée, avec l'horizontale marquant la hauteur de l'arbre, en choisissant
pour échelle des hauteurs celle correspondant au mode
de cubage adopté. Ce point de rencontre se trouvera,
soit sur une oblique parallèle de l'échelle des volumes,
et dans ce cas, le volume cherché sera indiqué par le
numéro même de cette oblique parallèle, soit entre
deux obliques parallèles, et dans ce cas, le volume
cherché sera compris entre les volumes exprimés par
les cotes de chacune de ces deux divisions parallèles ;
on appréciera à vue d'œil la fraction qu'il faut ajouter
à la cote de la première oblique ou retrancher de celle
de la seconde oblique pour avoir le volume correspondant à l'arbre donné, en admettant que dans l'intervalle de deux obliques parallèles consécutives, les
distances sont exactement proportionnelles ; ce qui,
théoriquement, est rigoureusement vrai. On arrive ainsi,
avec un peu d'habitude à une bien suffisante précision.

Soit, par exemple, un arbre ayant 3 mètres de

circonférence à 1^m,50 du sol, et dont la partie de la tige propre au bois d'œuvre ait 7 mètres de hauteur, le volume cylindrique sera donné par le point de rencontre de la ligne des circonférences marquée 3 mètres avec la ligne des hauteurs cotée 7 à gauche du tarif; le point d'intersection de ces deux lignes se trouvant sur l'oblique parallèle cotée 4 mètres cubes, le volume cherché sera de 4 mètres cubes. Soit encore un arbre ayant 2 mètres de circonférence à 1^m,50 du sol et pouvant fournir une pièce de bois d'œuvre de 6 mètres de longueur; le point d'intersection, pour le cubage cylindrique, des lignes correspondant à la circonférence et à la hauteur données se trouvant placé entre les lignes 1^{mc},40 et 1^{mc},60 des volumes, et un peu plus près de la première que de la seconde, le volume cherché sera 1^{mc},50, à moins d'un décistère près, où plus exactement 1^{mc},49 environ. On aurait trouvé par la même marche, pour volumes de ces deux arbres supposés équarris au quart sans déduction, èn se servant de l'échelle des hauteurs placée à droite du tarif: pour le premier, 3^{mc},15 et pour le second 1^{mc},20.

Si la circonférence donnée était de 0^m,40, le tarif (fig. 1) serait encore applicable, à condition d'utiliser la ligne des circonférences cotée 4 mètres et de diviser ensuite le résultat par 100. Ainsi, un arbre de 0^m,40 de circonférence à 1^m,50 du sol, et de 8 mètres de hauteur, aurait même volume que celui d'un arbre de 4 mètres, *à condition de considérer dans ce cas les mètres cubes comme des centistères.* On aurait pour l'arbre de 4 mètres, au volume cylindrique, 8^{mc},16; pour l'arbre de 0^m,40 le volume sera donc 0^{mc},08. Les limites du tarif (fig. 1) ne permettraient pas d'opérer de cette manière, pour les circonférences de 0^m,50 à 1 mètre ; c'est pourquoi nous avons dressé un second tarif (fig. 2) pour les arbres de cette catégorie de grosseur, où les divisions de l'échelle des volumes marquent des multiples du double centistère ou cinquième du décistère. On trouve immédiatement, par ce second tarif, que le volume d'un arbre de 8 décimètres de tour à 1^m,50 du sol et de 8 mètres de hauteur, est, au cubage cylindrique, de 0^{mc},33, et au cubage au quart sans déduction, de 0^m,26.

Le volume total de plusieurs arbres de même catégorie de grosseur, quelle que soit leur hauteur, peut également s'obtenir au moyen des mêmes tarifs (fig. 1 et 2) par une seule lecture. Deux cas peuvent se présenter, ou bien les arbres ont même hauteur, ou bien ils ont des hauteurs différentes : 1° soient 9 arbres de 2^m,50 de circonférence à 1^m,50 du sol, et de 8 mètres de hauteur ; on peut, pour le cubage, les considérer comme un seul arbre ayant même grosseur et mesurant 72 mètres de longueur. Les échelles des hauteurs du tarif, il est vrai, ne sont divisées que de mètre en mètre, mais on peut diviser par la pensée chaque division en dix parties, considérer les mètres comme des dizaines de mètres, et les subdivisions décimales comme des mètres ; la hauteur 72 sera donnée par la division 7 augmentée du cinquième de l'intervalle compris entre la division 7 et la division 8, et le volume trouvé comme précédemment devra être décuplé ; ainsi, dans l'exemple cité, on aurait approximativement 28^{mc},70 ; 2° soient 9 arbres de 2^m,50 de circonférence à 1^m,50 du sol, dont 4 de 8 mètres et 5 de 9 mètres de hauteur ; la somme des hauteurs de ces arbres sera 77 mètres, leur volume cylindrique, d'après le tarif, en se servant sur l'échelle des hauteurs de la division 7 augmentée des 7 dixièmes de l'intervalle d'une division, sera 3^{mc},05 $\times$ 10 ou 30^{mc},50 et au quart sans déduction, 24^{mc}.

La possibilité, au moyen de subdivisions faites à vue d'œil, de supputer des résultats compris entre deux lignes cotées consécutives, permet de donner une grande extension à l'application de ces tarifs, et constitue un avantage facile à comprendre. Avec un peu d'habitude, on arrive d'ailleurs rapidement et exactement à déterminer les résultats intermédiaires.

Le mécanisme des tarifs (fig. 1 et 2) étant compris, il restera peu de chose à dire sur l'usage des tarifs (fig. 3 et 4). Ces derniers donnent immédiatement par une seule lecture :

Soit le volume cylindrique ;

Soit le volume au quart de la circonférence sans déduction ;

Soit le volume au sixième déduit.

Pour le cubage au cinquième déduit on n'a pas dressé d'échelle spéciale, parce qu'il suffit de prendre moitié du volume cylindrique pour obtenir avec une approximation suffisante le volume cherché.

La marche à suivre pour l'usage de ces tarifs est tout à fait la même que celle expliquée au sujet des tarifs (fig. 1 et 2).

Soit un arbre de 2 mètres de circonférence *au milieu* et de 8 mètres de hauteur ; si nous voulons obtenir les volumes correspondant aux quatre modes de cubage, il suffira de chercher le point d'intersection de l'oblique convergente cotée 2 m., successivement avec l'horizontale cotée 8 mètres, sur les trois échelles des hauteurs désignées à droite du tarif, et de lire les volumes d'après la position de ces points d'intersection sur l'échelle des volumes, on aura ainsi :

Pour volume cylindrique, $2^{mc},55$;

Pour volume au cinquième, moitié de ce dernier cube, ou $1^{mc},75$;

Poür volume au quart, 2^{mc} ;

Pour volume au sixième $1^{mc},38$.

Tout ce qui a été dit précédemment sur l'extension dont sont susceptibles les tarifs (fig. 1 et 2) au moyen des interpolations à vue, est applicable aux tarifs (fig. 3 et 4).

La construction de ces tarifs repose sur les propriétés des transversales dans le triangle.

BIBLIOTHÈQUE NATIONALE — R. F. — IMPRIMÉS

FIN.

RENSEIGNEMENTS BIBLIOGRAPHIQUES

—

PRINCIPAUX OUVRAGES

PUBLIÉS SUR

LA SYLVICULTURE, LE CUBAGE DES BOIS, L'AMÉNAGEMENT DES FORÊTS, ETC.

———

ADAM (J.). — De la préparation des **traverses de chemins de fer** par l'injection des liquides antiseptiques, par M. Van Renterghem, traduit du hollandais par M. J. Adam, ingénieur civil. Broch. gr. in-8 de 34 p. avec nombreux tableaux.   2 »

Extrait des *Annales du Génie civil*.

ADRIAN (A.). — Tarif de **cubage des bois** en grume par la circonférence et par le diamètre au volume réel, avec les réductions au 1/4 de la circonférence ou au 1/6 ou au 1/5 déduit. 1 vol. in-18.   2 »

BALTET. — **Arboriculture** fruitière et **viticulture**. Gr. in-8, 71 pages, 43 fig. et 3 pl.   4 »

BENGY-PUYVALLÉE (M.-C.-A. de), ancien président de la Société d'agriculture du Cher. **Mémoire sur la culture du pêcher**; 2e édition. In-12 de 234 p. et 3 pl.   3 50

BLANCHÈRE (H. de la). — **Les ravageurs des forêts** 1 vol. in-18 avec 44 fig.   2 »

BOUCHERIE. — Mémoire sur la **conservation des bois** In-8, 39 p.   2 50

Les procédés de conservation dont M. le docteur Boucherie a doté l'industrie du bois, ont opéré une véritable révolution. La brochure que nous annonçons, et qui est la reproduction du Mémoire que M. Boucherie avait adressé à l'Académie des sciences, contient un grand nombre de renseignements intéressants, et renferme une notice historique sur les essais nombreux qu'il a tentés avant d'arriver à sa belle découverte.

Bouquet de la Grye. — **Guide du garde forestier**. 6ᵉ édition, 2 vol. in-12.   5 »

Breton aîné. — **Nouveau Guide du forestier**. In-18, 200 p.   3 »

Cabarrus. — **Les animaux des forêts**, mammifères, oiseaux, etc. 1 vol. in-18.   2 50

Champfleury. — **Les Oiseaux chanteurs des bois et des plaines**. In-4 avec fig.   5 »

Chevandier (Eug.). — **Recherches sur l'emploi de divers amendements dans la culture des forêts**. 1 vol. in-4, avec tabl.   10 »

Curie. — Des produits tirés du **Pin maritime**, essai théorique et pratique sur la fabrication des matières résineuses. In-8 avec planches.   4 »

Descars (le Cte). — **Elagage des arbres**. In-18.   1 »

Destéract (A.), entrepreneur de charpente. — **Traité complet**, selon le système métrique, pour la **réduction des bois de charpente équarris, bois en grume et bois de sciage**. Ouvrage indispensable à MM. les architectes, métreurs, charpentiers, menuisiers, entrepreneurs de bâtiments, charrons, démolisseurs, marchands de bois, etc., ainsi qu'à MM. les agents des eaux et forêts et des octrois; à ceux de la marine et de l'artillerie. 1 fort vol. in-4, 407 p. de tableaux, relié avec onglets.   20 »

Douliot. — **Charpente en bois**. 1 vol. in-4 et atlas.
                                                                 20 »

Dromart (E.). — **Traité théorique et pratique** de la recherche, du travail et de l'exploitation commerciale des matières résineuses provenant du pin maritime. 1 vol. in-18 jésus, 96 p. et 3 pl.   4 »

— **Défrichement des bruyères des Landes**. In-8°.   2 »

— Mémoire sur la **Carbonisation des bois en forêts**. In-8° avec figures.   1 25

Frochot (Alexis). — **La Sylviculture** à l'Exposition de 1867, systèmes d'aménagement et d'exploitation, fig.
— **Reboisements**, 17 p., 4 fig.   1 »

Frochot. — **Cubage et estimation des bois.** 1 vol. in-18 de 200 pages avec tableaux fig. et planche.   4 »

— **Traité de Sylviculture générale.** 1 vol. gr. in-8° de 270 pages, avec fig., tabl. et pl.   » »

Gand (Julien). — Nouveau tarif complet pour le **cubage des bois en grume** au moyen de la circonférence mesurée de 2 en 2 centimètres et de 25 en 25 centimètres pour les longueurs, au cube réel, au quart et au cinquième déduit. In-18, 193 pages ou tabl.   2 50

Gayffier (E. de). — **Herbier forestier de la France.** 4 vol. in-fol. ornés de 200 pl.   400 »

Gillet-Hénaut. — **Système métrique d'égalité,** ou **Tarif de nouvelles mesures,** contenant la réduction des bois de 1, en 1, 2 en 2, 3 en 3, pour les bois en grume ou carrés, au quart, au cinquième et sixième déduit, de plus la réduction des bois bâtards, qui ne se trouve dans aucune des éditions publiées jusqu'à ce jour. 2ᵉ édition, approuvée par plusieurs propriétaires et marchands de bois. In-12.   2 50

Gillot. — **Carbonisation du bois et emploi du combustible dans la métallurgie du fer.** Gr. in-8°, relié avec fig. et tableaux.   14 »

Hérincq, Jacques et Duchartre. — **Manuel général des plantes, arbres et arbustes.** 4 vol. petit in-8 à 2 col.   36 »

Hétet. — Distillation **sèche du bois.** Acide pyroligneux. In-8° avec fig.   2 »

Hoefer. — **Le monde des forêts.** Zoologie et botanique forestière illustrée de la France. 1 vol. in-8, illustré de 300 fig. sur bois et 27 gravures sur acier.   25 »

Jacquot. — Les codes de la **Législation forestière.** 1 vol. in-18.   1 50

Jobard-Bussy. — **Perfectionnement de la plantation de la vigne,** produit immédiat et important obtenu par un nouveau système de pépinières, repeuplement des forêts, reboisement des montagnes. 1 vol. in-8 de 102 p. et 1 pl.   1 50

Kirwan (C. de). — **Flore forestière** illustrée, arbres et arbustes. 1 vol. in-fol. cart. et environ 350 fig.   60   »

Lecoq (Henri), directeur du jardin botanique de Clermont-Ferrand. — **De la fécondation naturelle et artificielle des végétaux,** et de l'hybridation, considérée dans ses rapports avec l'horticulture, l'agriculture et la sylviculture. 2e édition, avec 106 grav. In-8, xx-425 p. Paris.   7 50

Le Duc. — **OEuvres forestières** et agronomiques de Varenne de Fenille. 1 vol. in-8 de 500 pages.   7   »

Légé et **Fleury-Pironnet.** — **Conservation des bois** au sulfate de cuivre. In-8°.   1 50

Lerolle (Léon). — Guide pratique de **Botanique** et Traité de **Physiologie végétale,** appliquée à l'agriculture et à l'horticulture. 1 vol., avec de nombreuses figures dans le texte.   6   »

Lowe et **Howard.** — **Les plantes à feuillage coloré** traduit de l'anglais. 1 vol. gr. in-8, avec fig.   25   »
Relié.   30   »

Mérault (A.-J.). — **L'art du jardinier dans la culture des arbres fruitiers et des plantes potagères,** suivi d'une table alphabétique des noms botaniques et vulgaires des arbres fruitiers et des plantes potagères. 1 vol. in-18, 500 p.   2 50

Merly (J.-F.). — Album du trait théorique et pratique **Epures, plans, coupes de charpentes et de pierres de taille** pour servir aux travaux de construction. 2 vol. in-fol. oblong.   20   »
Chaque partie se vend séparément.   10   »

— **Livre de poche du charpentier.** 140 épures avec texte.   6   »

Nanquette (H.). — **Exploitation, débit et estimation des bois.** 1 vol. in-8, avec 13 pl. *Nouvelle édition.*   9   »

— **Cours d'aménagement des forêts.** 1 vol. in-8, 327 p. et pl.   6   »

Noerdlinger. — **Les bois employés dans l'industrie.** 1 vol. in-18 avec 100 sections de bois montées sur beau papier.   30

Noirot. — **Traité de la culture des forêts.** 1 vol. in-8.
6 »

Noirot-Bonnet. — **Manuel de l'estimateur des forêts.** In-8, 647 p.
8 »

Parade (A.). — **Cours élémentaire de culture des bois.** 1 vol. in-8, 700 p., 1 pl.
8 »

Payen. — Mémoire sur la **Conservation des bois.** In-8°.
6 »

Phocas-Lejeune. — **Du défrichement des bruyères,** et particulièrement des Landes sablonneuses de la *Campine,* etc. In-12, 136 p.
1 50

Robinson. — **Aménagement des bois et forêts.** Gr. in-8.
1 »

Rousset (A.). — **Culture, exploitation et aménagement du chêne-liége,** en France et en Algérie. In-8, 80 p. ou tabl.
2 50

Schacht (le Dr H.). — **Les arbres,** étude sur leur structure et leur végétation ; traduit par E. Morren. 3° édition. 1 vol. gr. in-8, fig. dans le texte et 4 pl.
15 »

Tassy. — Études sur l'**Aménagement des forêts.** 2° édition. 1 vol. in-8°.
6 »

Vaucourt, géomètre. — **Table donnant le cubé des bois selon leurs divers emplois** dans le commerce, l'industrie, l'architecture civile, militaire et navale, indiquant le cubage au quart de la circonférence, au 6° déduit, au 5° déduit, à arêtes vives ou d'après les principes de la géométrie ; le cube des bois ronds et leur évaluation en planches au mètre carré ; le cube des prismes quadrangulaires ; les rapports entre le diamètre, la circonférence et la surface du cercle et l'application de ces principes au mesurage des corps ronds ; la conversion du mètre cube en solives, en pieds de roi de 325 millimètres, et en pieds métriques de 333 millimètres, et réciproquement, etc. 1 vol. in-8, 399 p.
6 »

ADDITION AU CATALOGUE QUI PRÉCÈDE.

BAGNÉRIS. — Manuel de **Sylviculture**, un vol. in-12,
3 50

CLAVÉ (Jules). — Études sur l'**Économie forestière**,
1 vol. in-18 de 380 p. 3 50

DUPONT ET BOUQUET DE LA GRYE. — Les **Bois indigènes et étrangers**, 1 vol. in-8° de 550 p., orné de
160 fig. 12 »

GOURSAUD (A.). — Manuel de **Cubage et d'estimation
des bois**, 1 vol. in-18. 1 50

PUTON (A.). — l'**Aménagement des forêts**, 1 vol. in-18,
illustré de gravures sur bois. 1 50

SEBERT (E.). — Notice sur les **Bois de la Nouvelle-Calédonie**, propriétés mécaniques des bois et procédés
pour les mesures, 1 vol. in-8°, de 279 p, et 11 pl. 5 »

TABLE DES MATIÈRES

Imprimerie et Librairie de E. Lacroix, rue des Saints-Pères, 54, à Paris.

TARIF POUR LE CUBAGE DES ARBRES SUR PIED

donnant le volume cylindrique ou le volume au quart sans déduction des arbres dont on connaît la hauteur et la circonférence à 1m 50 au dessus du sol

Fig 1

Échelle des Circonférences à 1m 50 au dessus du sol

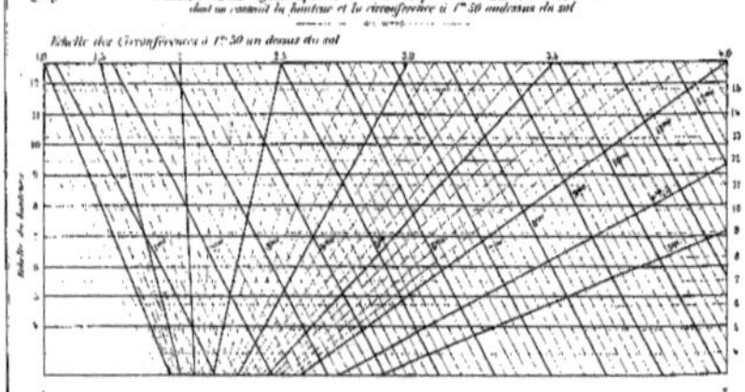

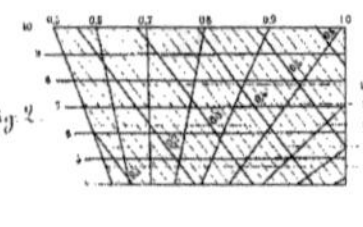

Fig 2

TARIF POUR LE CUBAGE DES BOIS ABATTUS

donnant le volume cylindrique, ou au quart sans déduction ou au sixième déduit des pièces en grume dont on connaît la longueur et la circonférence au milieu

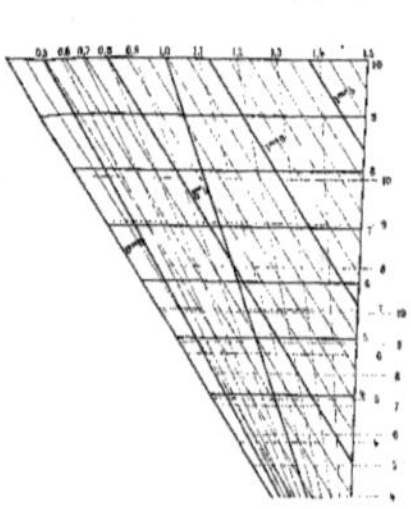

Fig 4

Échelle des Circonférences au milieu de la pièce à cuber

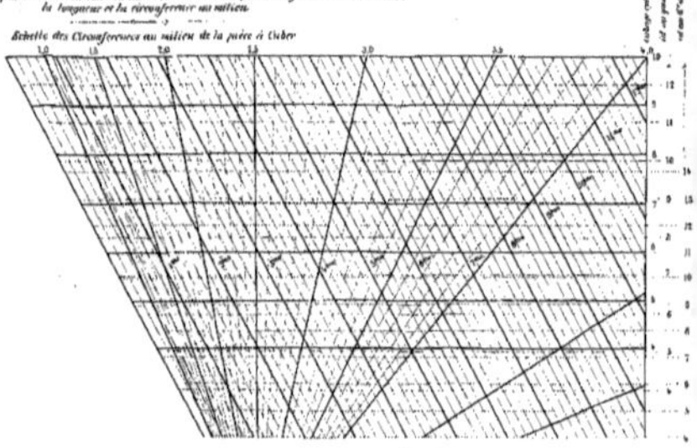

Fig 3

(Nota : Le cubage au 5e déduit s'obtient en

www.ingramcontent.com/pod-product-compliance
Lightning Source LLC
LaVergne TN
LVHW020620200726
843508LV00002B/507